蔬菜力。

玻璃罐沙拉、疊煮、蔬菜乾、蔬菜湯⋯⋯
連外皮、根莖全都不浪費的料理秘訣

伯母直美

蔬果食材別浪費，不論是根莖與外皮，都能做美味的運用！

　　節約伙食費是主婦們在掌管家計時永遠的課題。不論是挑選便宜食材的秘訣、大量採購以量制價或是用計帳本來規劃「銅板採購法」，市面上有著各式各樣精打細算的「伙食費精省妙方」。但這些方法都忽略了「只有完整使用手上的食材，達到零廚餘目標」，前面所做的一切才有意義。因為據說在烹飪處理過程中被丟棄的食材，就佔了整體伙食費的兩成，平均每個月就有一萬五千元日圓的食材被浪費，其中又以葉菜及根莖類的食材佔絕大多數。因此不論在採買時如何精打細算，如果不能完整的將蔬果食材做最好的料理使用，對節省伙食費支出而言，也不過是杯水車薪。

　　完整使用食材的第一個關鍵，在於「把握賞味期限」：在我的料理教室中，有時也會安排蔬果採收的體驗課程，我最常聽見學生們反應的就是「蔬菜的保存時間好短啊！」、「還來不及吃就壞了！」等等，彷彿為了最佳賞味期限，就必須搶著跟時間賽跑。所以在我自己的廚房裡，為了把握季節食材的賞味期限，又不至於讓家人吃膩，就必須搭配不同的調味、配色，與煮、烤、炸、炒等多元料理方式，以求讓單一食材有不同的美味呈現。

　　而第二個關鍵，則在於「食材沒有多餘需要被丟棄」：不論是根莖的外皮或是葉菜的鬚枝，其實都富含了許多營養與美味的成份，只要花點巧思，不論是做成開胃的醃漬小菜，或是熬煮成高湯的鍋底，都能充分使用食材，朝「零廚餘的廚房」邁進。

　　本書就是為了達成「徹底使用蔬菜食材，並挖掘其中美味」所誕生，而這些我日常使用的小秘訣，不僅能成為大家「清冰箱」的好幫手，相信對於每日的料理時光，也一定有許多幫助，在此與大家分享！

伯母直美

本書收錄了許多「徹底使用蔬菜食材，並挖掘其中美味」的料理秘訣，無論是哪一道食譜，都能靈活搭配家中現有的蔬菜食材來烹飪料理，請一定要試試看！

Point 1

能生吃也能醃漬
用時間激發食材美味

番茄、小黃瓜、萵苣等蔬菜食材，都是十分適合新鮮享用的生菜類蔬果，但如果一次採購太多，無法立即吃完，運用醃漬或玻璃罐沙拉等方法，以時間激發食材美味，也能開心完食。

Point 2

保鮮期較短的蔬菜食材
可用火候來引出美味、封存精華

冷藏過的蔬菜容易枯黃難看，在料理前可以先用高溫烤煮來逼出多餘水分，重現食材的鮮甜原味，更可縮小體積、一口氣把剩餘的食材都吃光光！

Point 3

無法一次吃完的蔬菜
簡單多一道工，就能延長賞味期限

把無法一次吃完的蔬菜食材，預先疊煮或是風乾醃漬後分裝，就能在忙碌時方便運用。不僅縮短料理時間，可快速搞定一餐，而且還會越放越好吃！

Point 4

根莖、外皮先別丟
美味料理就靠它！

胡蘿蔔的外皮、白蘿蔔與大頭菜的葉子，還有青花菜的莖等等，總是在處理過程中就被丟棄，但這些食材的部位只要清洗乾淨，不論是在原本的料理方式中連皮使用，或是拿來熬煮高湯、做成開胃小菜都十分美味，直接丟掉實在是太可惜了！

Contents

第四章　菜餚的原味&保存食材

義式調味菜

嫩炒料理

磨成泥的野菜料理

製作高湯、淋醬

蔬菜乾

醃製蔬菜

第五章　連外皮和根莖都能好好利用

本書的使用方法

○材料部分以 2 人份、4 人份及容易製作的份量這三類為主。
○本書中所提及的用量單位，1 大匙為 15ml、1 小匙為 5ml、1 杯為 200 ml。
○微波爐的加熱時間是以 600W 為標準。使用 500W 時，請自行增加 1.2 倍的加熱時間。此外，由於微波爐的機種不同，所以請依實際情況，斟酌加熱時間。
○本書中所使用的鹽巴為「天然鹽」。
○蔬菜湯（P.84）也可用清湯（以 1 杯水與 1/2 顆雞湯塊製作）代替。

第一章 延長生吃的賞味期限！

蔬果食材還是以新鮮品嚐為首要！直接生吃不僅能享受到鮮甜美味，也能獲得最天然完整的營養補給。然而適合生吃的蔬果食材，通常保存期限都不長，也特別容易出水、腐壞。而且為了趕在賞味期限內吃完，每天都用相同面貌出現在餐桌上，也很快就膩了。所以在本篇特別介紹各種可以延長食材賞味期限的料理方法。

製作玻璃罐沙拉

玻璃罐沙拉，顛覆了生菜沙拉要「現做現吃」的常理。只要將喜歡的蔬菜食材依序放入罐中密封靜置，就能將美味封存其中，但記得一定要在兩天之內吃完！
又如果，能在料理晚餐的同時，順手做好一些玻璃罐沙拉預先放著，就連忙亂的早晨，也能攝取到充足的蔬菜營養。

蔬菜&鮪魚沙拉

從適合做生菜沙拉的蔬菜，開始試著做玻璃罐沙拉吧！
先將醃醬調好後倒入罐底，
接著將蔬菜由硬到軟，從下到上依序鋪排，
最後整罐密封後放到陰涼處，用時間等待食材入味。

製作玻璃罐沙拉的重點

＊ 先將玻璃罐煮沸消毒，再陰乾至完全乾燥。

＊ 蔬菜清洗後，確實將水分瀝乾。

＊ 用筷子放置食材，鋪排時盡量不要留下空隙。

＊ 放在冰箱內也只能保存兩天，請盡早食用完畢。

材料（中型玻璃罐 1 罐／容易製作的份量）

萵苣葉 — 3～4片

小番茄 — 5顆

小黃瓜 — 1條

鮪魚罐頭 — 50g

醃醬

┌ 橄欖油 — 1大匙

│ 醋 — 1大匙

│ 鹽 — 1/4小匙

└ 胡椒 — 少許

1 放入醃醬

將醃醬倒入罐內，充分拌勻。

2 放入食材

將鮪魚放入罐內，與醃醬混合均勻。

3 放入較硬的蔬菜食材

將小黃瓜切成塊狀後，放入罐內。

4 放入較軟的蔬菜食材

將小蕃茄對切後，放入罐內。

5 放入葉菜類

將萵苣葉切成適合入口大小後，放入罐內。

6 密封

拴好蓋子。

如何盛盤

打開玻璃罐後，將葉萵苣鋪放於盤器上，接著倒出罐內食材，也可以將罐中醃醬倒至另一個沾醬盤內。

白蘿蔔&豆子沙拉

在帶有脆度的蔬菜上，
搭配和風醬創造出清爽的口感。

材料（小型玻璃罐 1 罐／容易製作的份量）

芽菜 ─ 1/2包
白蘿蔔切段 ─ 約3公分
小黃瓜 ─ 1/2條
胡蘿蔔 ─ 1/4條
綜合豆罐 ─ 30g
醃醬
　┌ 醋 ─ 1大匙
　│ 沙拉油 ─ 2小匙
　│ 熟白芝麻 ─ 2小匙
　│ 醬油 ─ 1/2匙
　│ 鹽 ─ 1小撮
　└ 胡椒 ─ 少許

作法

1 摘掉芽菜根部後洗淨對切。白蘿蔔、小黃瓜、胡蘿蔔切成 1 公分的丁狀。

2 將醃醬材料倒入罐內充分拌勻。

3 依序將綜合豆、胡蘿蔔、小黃瓜、白蘿蔔、芽菜塞入罐內。

蔬菜的組合與搭配
完全自由

由於醃醬會集中在罐底，因此可用較需要調味的蔬菜食材來鋪底，而上層則放入一些容易入口的清爽食材，其他可依個人喜好挑選放入即可，但記得最後放入的一定是葉菜類。

蔬菜&水果沙拉

以柳橙和優格清爽的口感，
引出蔬菜的天然美味。

材料（中型玻璃罐 1 罐／容易製作的份量）

高麗菜 — 2片
彩椒 — 1/3個
小黃瓜 — 1/2條
柳橙 — 1個

醃醬

- 優格 — 3大匙
- 橄欖油 — 1大匙
- 鹽 — 1/4小匙
- 胡蘿蔔泥 — 1/8小匙
- 胡椒 — 少許

作法

1 將優格倒在廚房紙巾
  上，吸取多餘水分。
2 將高麗菜切絲，彩椒切
  成 1 公分的丁狀，小黃
  瓜切片，柳橙去皮。
3 將醃醬的材料倒入罐內
  充分拌勻。
4 依序將柳橙、小黃瓜、
  彩椒、高麗菜鋪排塞入
  罐內。

洋蔥&西洋芹沙拉

以帶有檸檬酸的醃醬，
隨著時間慢慢將洋蔥和西洋芹融合入味。

材料（中型玻璃罐 1 罐／容易製作的份量）

罐頭玉米 — 60g
罐頭黃豆 — 60g
櫻桃蘿蔔 — 6個
西洋芹 — 1/2個
洋蔥 — 1/4顆

醃醬

- 橄欖油 — 1大匙
- 檸檬汁 — 2小匙
- 鹽 — 1/4小匙
- 胡椒 — 少許

作法

1 櫻桃蘿蔔對切，西洋
  芹斜切成薄片，洋蔥也
  切成薄片，接著全部浸
  泡於水中，靜置後將水
  分瀝乾。
2 將醃醬的材料倒入罐
  內充分拌勻。
3 依序將洋蔥、西洋芹、
  櫻桃蘿蔔、黃豆、玉米
  鋪排塞入罐內。

本篇要介紹的是如何將可直接生吃的蔬菜食材，製作成醃漬料理。製作方法非常簡單。只要用小碗、淺碟子或夾鏈袋，將蔬菜食材拌入調味料後就完成了！放入冰箱冷藏保存，還會隨著時間越放越入味，也常被當作開胃小菜、常備菜等使用。

製作醃漬沙拉

胡蘿蔔沙拉

胡蘿蔔富含 β-胡蘿蔔素，
與油脂類的食材一起使用，更能增強吸收效果。
作成醃漬沙拉後，食材會隨著醃漬入味，越變越好吃。
巴西利也可以改用胡蘿蔔葉替代。

材料（容易製作的份量）

胡蘿蔔 — 1條
巴西利（切碎）— 適量
核桃（搗碎）— 20g

醃醬

　　橄欖油 — 2大匙
　　醋 — 1又1/2大匙
　　鹽 — 1/3小匙
　　胡椒 — 少許

1 胡蘿蔔切絲

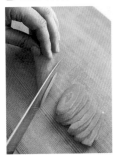 

(a)先將胡蘿蔔斜切成片　(b)將胡蘿蔔片排成一列
　狀。　　　　　　　　　　後，從邊緣處開始切
　　　　　　　　　　　　　成細絲。

2 製作醃醬　　　　　**3** 將食材與醃醬拌勻

將醃醬的材料倒入碗內充　將胡蘿蔔絲、巴西利與核
分拌勻。　　　　　　　　桃碎末放入醃醬內拌勻，
　　　　　　　　　　　　　靜置後即可食用。

製作醃漬沙拉的要點

＊記得將製作好的沙拉放入容器或夾鏈袋內密封保存。

＊放入冰箱約可保存 2 ～ 3 天，請盡早食用完畢。

大頭菜＆檸檬
鹽昆布沙拉

將材料全部放入夾鏈袋後，充分搓揉即可完成。
當大頭菜入味後就是最佳的品嚐時機。

材料（容易製作的份量）
大頭菜 — 3個
檸檬（切片）— 1片
鹽昆布 — 5g
鹽 — 1/4小匙

作法
1 將大頭菜切成寬約3公分的半圓片，檸檬切成1/4圓片。

2 將切好的大頭菜、檸檬與鹽昆布、1小撮鹽一起放入夾鏈袋後，充分搓揉使其入味。

Point
將材料全部放入夾鏈袋後，確實地搓揉使其入味，接著放入冰箱，靜置約20～30分鐘左右即可享用。

醃漬小黃瓜

整條小黃瓜經過簡單醃製，
就能變成美味的下酒菜。

材料（容易製作的份量）
小黃瓜 — 5條

A {
冷開水 — 1杯
昆布 — 切一段約4公分的方形
醋 — 1大匙
砂糖 — 2小匙
鹽 — 2小匙
}

作法
1 以削皮器簡單削去些小黃瓜的粗皮。

2 將材料A放入夾鏈袋後充分拌勻，接著放入小黃瓜醃製一晚。

Point
略為將小黃瓜的粗皮刮除，可使小黃瓜更容易入味。使用沸騰後放涼的冷開水，則可增加保存效果。食材裝入夾鏈袋後，要記得將空氣壓出來再密封。

捲心菜類涼拌沙拉

加入帶點蜂蜜甜味的醬料，是這道料理的一大特色。
細切的高麗菜絲怎麼吃都不膩。

材料（容易製作的份量）

高麗菜 — 1/4顆
鹽 — 1/3小匙

A
├ 醋 — 2大匙
├ 蜂蜜 — 1小匙
├ 鹽 — 少許
└ 黑胡椒 — 少許

作法

1 將高麗菜切絲後，加入鹽巴搓揉
並將水分擰乾。

2 將材料 A 放入碗中充分拌勻，以
製作醃醬。最後再加入高麗菜絲
與醃醬混勻後即可食用。

彩椒＆西洋芹
醃漬沙拉

作為開胃的清爽沙拉，
搭配法式嫩煎雞、煎魚等料理都相當適合。

材料（容易製作的份量）

彩椒（黃、紅） — 各1/2個
西洋芹 — 1/2條

A
├ 橄欖油 — 1大匙
├ 檸檬汁 — 2小匙
├ 蜂蜜 — 1小匙
└ 鹽、胡椒 — 各少許

作法

1 將彩椒和西洋芹菜切成 4 公分長
的細絲。

2 將材料 A 放入碗中充分拌勻後，
加入前項食材混勻即可食用。

不 浪 費 蔬 菜 的 清 洗 方 法

教你如何以正確的清洗方式，
讓蔬菜的外皮、根、莖都能變成料理的一部分。

根菜類
以棕櫚刷輕洗

胡蘿蔔、白蘿蔔的外皮
富含養分，又保有食材
的風味，只要使用棕櫚
刷順著外皮的纖維紋路
細細清洗，如此一來表
皮的營養與美味就不會
被浪費，也能將食材從
頭到尾完全使用。

推薦的棕櫚刷
以天然棕櫚為素材，經職人手
工製作而成的棕櫚刷，觸感柔
軟又相當耐用。棕櫚刷（特小）
高田耕造商店☎ 073-487-1264
http://takada1948.jp

香菇的髒污
只需擦拭即可

香菇特有的香氣很容易
被水所洗掉，因此建議
在處理食材時，只要使
用濕布或廚房紙巾擦拭
乾淨即可。而且香菇除
了末端較硬的部份之外，
整株都能食用，在處理
時，記得別切太短。

大頭菜的根部
以竹籤去除污垢

大頭菜的莖和根都可食
用。只要先將葉子與根
莖部切開，再使用竹籤一
邊剔除根處殘留的沙子，
一邊以水沖洗乾淨，就能
將大頭菜連同根莖一起料
理。

菠菜的根部
在水面漂洗

菠菜根部的粉紅色段含有
多酚等豐富養分，如果丟
掉就太浪費了。可以先在
根部劃上十字切口，再放
入裝好水的碗中在水盆中
晃動漂洗，將根部殘留的
土沙清洗乾淨，就能連根
一起料理享用。

葉菜類加入水分
就能恢復口感

即使在保存過程中，因流
失水分而顯得枯黃的葉
菜，只要重新給予水分，
就能使其再度復活。尤其
是作為沙拉料理使用時，
只要將食材先在水盆內靜
置片刻，當葉菜充滿水分
後就能恢復口感。但最後
不要忘了，要確實將水分
瀝乾！

不浪費蔬菜的切菜方法

還能吃的部位，就別輕易切除丟棄

胡蘿蔔的蒂頭
可用圓球狀的刀法來挖出

胡蘿蔔在處理時，一般都會從蒂頭處把葉柄平切下來丟棄。但葉子可以切下來洗淨後，做成天婦羅料理；而蒂頭處也可以用圓球狀的刀法，只切除較硬的部位，保留最大的可食範圍，減少食材的浪費！

洋蔥的底部
以V字型挖掉

整顆洋蔥對半切之後，只要在根部以 V 字型切除蒂頭，剝開外層薄薄的咖啡色外皮，就能毫不浪費的完整利用。

菇類的根部
盡可能完全使用

金針菇可以用叉子將根部的連結處分開，就不用切掉一大段。而舞茸菇或鴻喜菇，也只要切掉最末端的一點點硬梗，就能將整朵蕈體完整利用。

高麗菜的菜心
可切成片來料理

雖然有點硬，但高麗菜的菜心，只要一點巧思就能加以完整利用。例如可以切片後再切成細絲，不論醃漬或生吃都十分美味；也能切片後跟其他鍋物一起下鍋，煮軟之後就是好吃的食材。

青花菜的梗
剝去外皮使用芯部

青花菜除了花蕾可以食用外，梗部和菜心也都能使用。不過由於梗部外皮過硬，所以要先去皮，才能使用菜心。至於外皮部分，則可參考書中所介紹的蔬菜湯（P.84），所以也別丟掉。

第二章 用火候來鎖住鮮甜

蔬菜食材只要經過火候的調理，不僅能封住食材本身的鮮甜美味，還能蒸散水分、減少體積以方便保存。快將剩餘的蔬菜食材整理起來，趁壞掉之前把它們一點也不剩的用盡，全都變成好吃的美味料理！

燒烤料理

將美味濃縮

會用到「火候」的料理，最早就是從「燒烤」開始。只要善用「燒烤」的技巧，就能將食材烤出酥脆的外皮，並將鮮甜原味鎖進其中。不僅是個能輕易上手的料理方法，還只需要簡單調味就能享用，請務必要嘗試看看！

烤蔬菜
佐檸檬醬油

可以選用任何喜歡的蔬菜來製作。
但為了使其受熱均勻，記得要將食材切
成同等的大小，
最後烤至表面呈現焦黃色即可。

材料（2人份）

蓮藕 — 1/5節

大頭菜 — 2顆

洋蔥 — 1/2顆

南瓜 — 1/8顆

香菇 — 2朵

青椒 — 2個

醬油、檸檬 — 各適量

1 切片

將食材洗淨後，蓮藕連皮切成半月狀，大頭菜和洋蔥切成片瓣，南瓜切成易入口的薄片，把香菇切除梗部末端，青椒則可以整顆切半使用。

2 排放蔬菜

依食材烤熟的難易度來擺放，烤網內側放需久烤的蔬菜，烤網外側放易熟的蔬菜。

3 反覆燒烤

當蔬菜食材表面呈現焦黃色後，翻面繼續燒烤。

4 蓋上錫箔紙

在快烤焦的蔬菜食材上蓋鋁箔紙，烤好後將全部食材移至盤器上，最後淋上醬汁即可享用。

蔬菜咖哩

將蔬菜食材率性地切成大塊。
是一道能品嚐到大量當季美味的佳餚。

材料（4人份）

地瓜 — 1/2條
高麗菜 — 1/8顆
胡蘿蔔 — 1/2條
杏鮑菇 — 2個
秋葵 — 12條
橄欖油 — 1大匙
蔬菜湯（作法請參閱P.84）— 3杯
市售咖哩塊 — 150g
白飯 — 適量

作法

1 將地瓜連皮切成片狀後，放入水中靜置；高麗菜連芯切成瓣狀；胡蘿蔔和杏鮑菇切成易入口的大小；秋葵去除蒂頭。

2 將步驟 1 處理好的食材排列於烤網上，接著倒入橄欖油烤至表皮微焦。

3 蔬菜湯放入鍋中加熱，接著放入咖哩塊煮開。

4 將步驟 2 的蔬菜放入盤器內，接著倒入步驟 3 的咖哩醬，最後盛裝白飯即可。

Point
連皮一起烤會更好吃，且外皮具有豐富的營養價值，只要以棕櫚刷刷洗乾淨，所有食材都不需去皮就能直接使用。

蔬菜款
鹽麴焗飯

以鹽麴的單純風味，
引出蔬菜原始美味。

材料（2人份）

茄子 — 1條
櫛瓜（綠、黃）— 各1/4條
彩椒 — 1/8個
小番茄 — 4顆
鹽麴 — 1～2大匙
橄欖油 — 適量
白飯 — 約2杯茶碗的量
起司絲 — 適量

作法

1 茄子斜切成片；櫛瓜切成3公分的
　瓣狀；彩椒切成薄長方形。

2 將步驟 1 處理好的食材和小番茄一
　起放入碗中，再放入鹽麴後拌勻。

3 橄欖油塗抹於耐熱容器內，再鋪上
　白飯，放入步驟 2 處理好的食材，
　撒上起司絲，接著即可進行燒烤，
　約烤5分鐘至表皮呈現微焦狀。

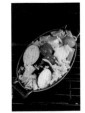

Point

將食材鋪排於白飯上
時，不但要注意擺盤，
更要避免蔬菜相互疊
合，以免火候不均。
如果在燒烤過程中，
發現食材快要燒焦
時，請蓋上鋁箔紙。

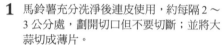

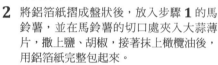

運用燒烤就能完成的簡單配菜

只要簡單燒烤一下，就能迅速完成的美味配菜。如果廚房內有需要盡早食用完畢的蔬菜，請務必一定要試試看這個簡單的燒烤料理法。而除了本段所介紹的馬鈴薯、蓮藕、日本長蔥以外的其他蔬菜，也能用相同的方式來嘗試。關於燒烤的方法，請參閱「燒烤料理的製作基礎」（P.25）。

烤蒜味馬鈴薯

蒜頭的香味能讓食慾大開！
當作小朋友的點心，
份量也十分足夠。

材料（2人份）

馬鈴薯 — 2個
大蒜 — 1瓣
鹽、胡椒 — 適量
橄欖油 — 適量
巴西利（有的話）
　　— 少許

作法

1 馬鈴薯充分洗淨後連皮使用，約每隔 2～3 公分處，劃開切口但不要切斷；並將大蒜切成薄片。

2 將鋁箔紙摺成盤狀後，放入步驟 **1** 的馬鈴薯，並在馬鈴薯的切口處夾入大蒜薄片，撒上鹽、胡椒，接著抹上橄欖油後，用鋁箔紙完整包起來。

3 燒烤10分鐘左右，將鋁箔紙打開再烤2～3 分鐘至表皮微焦。最後取出馬鈴薯，放入盤器中，如果手邊有巴西利，則可擺放裝飾。

Point
在馬鈴薯的切口處塞入大蒜時，若先抹上橄欖油，口感會更加美味。

烤白蘿蔔佐橘醋

將白蘿蔔表皮烤至微焦。
或改用大頭菜來料理也很美味。

材料（2人份）

白蘿蔔 — 1/6條
白蘿蔔葉 — 40g
橘醋 — 適量

作法

1 白蘿蔔連皮切成 1/4 扇形片狀。

2 將白蘿蔔片從烤網內側開始擺放，烤網外側鋪上錫箔紙再放上白蘿蔔葉。等烤到一半時再將蘿蔔葉與蘿蔔片的位置對調，約烤 4～5 分鐘至微焦即可。

3 將步驟 **2** 的白蘿蔔葉切成小段，和白蘿蔔片一起放入器皿中，接著倒入橘醋，將食材與調味料充分拌勻即可食用。

味噌肉燥烤蓮藕

具有豐富營養價值的蓮藕，
和味噌肉燥是絕妙的組合。

材料（4人份）

蓮藕 — 1節
豬絞肉 — 100g
日本長蔥 — 1/2條
生薑 — 1節

A ｛ 味噌 — 2大匙
酒 — 2大匙
味醂 — 1大匙
砂糖 — 2大匙

芝麻油 — 1大匙
辣椒絲（如果有的話）
— 少許

作法

1 蓮藕連皮切成片狀，放入水中靜置後瀝乾水分；將日本長蔥和生薑切成末。

2 芝麻油放入鍋中，放入步驟 **1** 的蔥末和薑末以小火爆香，炒出香味時，再放入豬絞肉以中火熱炒。

3 將材料 A 放入鍋中，與肉燥一起煮沸後立刻關火，即是「味噌肉燥」。

4 將蓮藕烤至兩面微焦後，取出擺盤，淋上味噌肉燥即可食用，如果有辣椒絲也可以灑上增色。

生薑醬油烤長蔥

帶點辛味的日本長蔥，
經過火烤後就能引出食材本身的甜味。

材料（2人份）

日本長蔥 — 4條
生薑泥 — 2小匙
醬油 — 適量

作法

1 日本長蔥切成適當長度。

2 將日本長蔥放置於烤網上，長蔥青綠色的一端朝向烤網外側擺放，烤到一半時要將日本長蔥翻轉，最後烤至微焦即可。

3 將步驟 **2** 的日本長蔥再切成約 3 公分長的段狀，放入盤器內，可搭配生薑醬油一起食用。

Point

燒烤日本長蔥時，要記得確實翻轉，讓整體都受熱均勻，表皮微焦即可。

平底鍋料理

增加蔬菜的使用量

高麗菜、韭菜、豆芽菜等蔬菜，在購買時雖
然整顆買或整袋買會比較便宜，但卻是容易
損傷枯黃的食材，得盡早使用完才行。為了
將蔬菜食材全部用光，那就使用能減少食材
體積的火烤、熱炒等料理方式，一口氣將蔬
菜全部用完！只要增加餐桌上蔬菜的分量，
即使降低肉類的使用量，也能達到飽足感。

蔬菜炒薑汁豬肉

在料理過程中快炒是一大要點。
先將較難炒熟的蔬菜放入鍋中後,接著依序放入易炒透的蔬菜,
最後才放入容易出水的豆芽菜,完成後就可以立刻享用。

材料（2 人份）

高麗菜 — 1/3 顆
洋蔥 — 1 顆
胡蘿蔔 — 1/4 條
青椒 — 1 個
豆芽菜 — 1/2 包
豬肉片 — 80g

A
醬油 — 1 又 1/2 大匙
蜂蜜 — 1 大匙
生薑泥 — 2 小匙
酒 — 2 小匙

沙拉油 — 適量

1 切洗蔬菜

高麗菜略切成粗片;洋蔥切成寬約 1 公分的瓣狀;胡蘿蔔切成長方形薄片;青椒切成寬約 1 公分的塊狀;豆芽菜放入水中靜置片刻後,再撈起將水分瀝乾。

2 將碎肉炒香

將沙拉油倒入平底鍋後先熱鍋,以中火拌炒豬肉,炒至肉色變熟即可。

3 加入蔬菜快炒

先將較難炒透的蔬菜放入鍋中,接著依序放入易炒透的蔬菜,例如:胡蘿蔔、洋蔥、高麗菜、青椒。

4 最後加入豆芽菜

容易出水的豆芽菜,最後才放入鍋內快炒。

5 拌入調味料

先將調味料拌勻後,待料理完成上桌前淋上調味醬汁,並與菜餚充分混合。

這些蔬菜可以讓料理增量

這道「薑燒豬肉」除了使用基本應有的高麗菜、洋蔥、胡蘿蔔外,還加入了豆芽菜,就是為了要增加飽足感。即使只使用少量的豬肉,也能達到飽足感。此外,青江菜、大白菜、小松菜、香菇等,也都非常適合拿來讓料理增量!

將剩餘的蔬菜一起清空！

蔬菜食材的料理方式除了熱炒之外，也可以選擇能大量使用蔬菜的料理，如煎餃、炒味噌、什錦炒等。而且大量的蔬菜，能讓每一口美味都具有豐富口感。是為廚房採買新食材前，非常適合用來清冰箱的料理方式。

滿滿蔬菜的煎餃

高麗菜和韭菜切成末後灑上鹽，
確實拌勻後就是餃子內餡，
也可以將其他蔬菜切成末後一併加入。

材料（20～25個）

高麗菜 — 1/5個
韭菜 — 1/2把
豬絞肉 — 80g

A
{
醬油 — 1大匙
麻油 — 2小匙
生薑泥 — 1小匙
鹽 — 1/2小匙
太白粉 — 1大匙
}

餃子皮 — 1袋（約20～25片）
沙拉油 — 少許
麻油 — 1又1/2大匙

作法

1 高麗菜和韭菜切成碎末後放入碗內，撒入少許的鹽（材料以外的份量）後靜置片刻，再將水分擠乾。

2 取出另一個碗，放入豬絞肉和材料 A 後，攪拌至呈現黏糊狀為止，接著再放入步驟 1 的食材一起拌勻。以此作為餡料包入餃子皮內。

3 沙拉油倒入平底鍋後熱鍋，將包好的餃子放入鍋內，待煎至外皮上色後，加入 1/2 杯的熱水，接著蓋上鍋蓋，以中火燜煮一會。

4 掀蓋後將水收乾，將麻油以畫圓的方式淋在餃子上，煎至外皮呈現微焦的金黃色即完成。

Point
由於使用了大量的蔬菜，所以即使只使用一點點的絞肉，整體份量卻一點也不少。而除了高麗菜和韭菜以外，也可使用大白菜、長蔥等，請多多活用家中剩餘的蔬菜食材。

茄子、青椒、西洋芹炒味噌

將食材粗略切成大塊狀，
使用甜中帶辣的味噌最對味。
多加一點油是這道菜的美味關鍵。

材料（4人份）

茄子 — 3條
青椒 — 2個
西洋芹 — 1/2條
沙拉油 — 1大匙
A ｛ 味噌 — 1大匙
　　 酒 — 2大匙
　　 砂糖 — 1大匙
麻油 — 1小匙

作法

1 茄子、青椒、西洋芹隨意切成塊狀。

2 沙拉油倒入平底鍋後熱鍋，以中火拌炒茄子與西洋芹，待茄子佈滿油脂後放入青椒一起炒。

3 將材料A混合均勻後，倒入步驟2拌炒。完成後淋上麻油即可食用。

Point

在炒茄子時，可以稍微多加一點油，如此一來不但色澤會較鮮豔，也會更加美味。而為了讓整體容易入味，料理時要以快炒進行。

炒什錦蔬菜＆豆腐

將蔬菜、豆腐和雞蛋一起拌炒，
就成了美味可口的炒什錦，
是道營養均衡又美味的料理。

材料（2人份）

小松菜 — 1/2把
洋蔥 — 1顆
胡蘿蔔 — 1/5條
板豆腐 — 1/2盒
蛋 — 1顆
醬油 — 1大匙
鹽、胡椒 — 各少許
沙拉油 — 適量
柴魚片 — 適量

作法

1 瀝掉豆腐內的水分後，先橫切成片，再切成寬約1公分的片；小松菜切成約3公分長；洋蔥切成寬約1公分的瓣狀；胡蘿蔔切成薄長方形。

2 沙拉油倒入平底鍋後熱鍋，先倒入蛋液，作成炒蛋後取出。在鍋面保持足夠的油量，再放入步驟1的豆腐，煎至兩面呈現金黃微焦後取出。

3 沙拉油倒入平底鍋後熱鍋，依序放入胡蘿蔔、洋蔥以中火拌炒，再放入步驟2中製作好的炒蛋和豆腐。接著放入小松菜一起拌炒，並加入醬油、鹽、胡椒進行調味。關火後，再將柴魚片拌入料理內即可食用。

這類蔬菜也能炒！

小黃瓜、番茄、萵苣等被認為只能生吃的蔬菜，其實炒起來也很美味喔！非常適合當作配菜，或是作為嘴饞時享用的小點。由於這些蔬菜熱炒後容易出水，所以請記得趁熱品嚐。

魚露炒
小黃瓜&絞肉

魚露的鹹和絞肉的甜，
讓小黃瓜更加美味。
是一道非常適合配飯或啤酒的料理。

材料（2人份）

小黃瓜－2條
豬絞肉－50g
大蒜（壓碎）－1瓣
魚露－2小匙
鹽、胡椒－各少許
沙拉油－1大匙

作法

1 以擀麵棍將小黃瓜輕輕壓碎成易入口的大小。

2 沙拉油倒入平底鍋後，放入蒜末以小火爆香，炒出香味後轉中火，放入絞肉拌炒。

3 待絞肉變色後，放入步驟 **1** 的小黃瓜一起炒，接著再加入魚露、鹽和胡椒進行調味。

Point
使用擀麵棍將小黃瓜壓碎後，較大塊的部分以手撕成小塊；粗糙不規則的裂痕，可使讓小黃瓜更容易入味。

番茄＆油豆腐
炒羅勒

以番茄的酸味取代市售醬料。
只需以大火炒一下羅勒就完成。

材料（2人份）

番茄 — 2顆
油豆腐 — 1片
大蒜（壓碎）— 1瓣
羅勒 — 4片
鹽、胡椒 — 各少許
橄欖油 — 適量

作法

1 番茄切成寬約1公分的片狀；油豆腐先對切，也切成寬約1公分的片狀。

2 橄欖油倒入平底鍋中熱鍋，接著放入油豆腐將兩面各煎一下後取出。

3 橄欖油倒入平底鍋中，放入蒜末以小火爆香，炒出香味後轉中火，放入步驟1的番茄快炒，接著放入步驟2的油豆腐，以及鹽、胡椒進行調味。

蠔油炒萵苣

由於萵苣下鍋熱炒後體積會大幅度縮減，
所以要使用一整顆萵苣，才能炒出一盤豐盛菜餚。

材料（2人份）

萵苣 — 1顆
生薑 — 1/2塊
大蒜 — 1瓣
蠔油 — 2小匙
沙拉油 — 1大匙

作法

1 將萵苣粗切成大片狀；生薑和大蒜切成絲。

2 沙拉油倒入平底鍋中，放入生薑以小火爆香，炒出香味後轉大火，放入萵苣熱炒，炒至萵苣變軟後放入蠔油拌炒均勻即可食用。

常被拿來做成熱炒料理的蔬菜，
也能直接生吃嗎？

茼蒿、豆芽菜、菠菜、大白菜、彩椒、櫛瓜等蔬菜，其實也都能直接生吃，此外，在美國就連蘑菇、青花菜、花椰菜等，也都是如同生菜沙拉般，簡單沾個醬料後就能直接食用。

水煮料理

只要花一點點功夫，就能輕鬆保存！

將丟在冰箱很快就會壞掉的蔬菜，先過水煮一下，就能延長數日的保存期限，還能放入冷凍庫保存。下次料理時，就不需要浪費處理準備的功夫，能相當方便的直接使用。在此，就以能輕鬆水煮的葉菜和根菜來作介紹。

煮菠菜

將剛買回來卻又不打算立刻吃掉的菠菜，先川燙後再放進冰箱保存。
等要吃的時候再拌入芝麻或醬汁，即可食用。

材料（容易製作的份量）
菠菜 — 1把
鹽 — 適量

1 劃開根部

由於菠菜根部不容易煮熟，所以先在根部劃出十字切痕之後，再連根一起清洗乾淨。

2 從根部先下鍋

將鍋內的水煮沸後，放入鹽巴，接著將菠菜從根部下鍋，待菜梗變軟後，再放入菜葉部分，約煮 20 秒左右。

3 去除水分

將煮好的菠菜濾掉水分和澀味，可避免蔬菜變色。

4 擰乾水分

將菠菜從根部擺整齊後，將水分擰乾，接著切成易入口的大小。為了避免營養被水分帶走，所以要盡快處理。

涼拌青菜（左）

煮好冷藏的菠菜，
只需要加醬油就能食用，
是基本款配菜。

材料和作法（2～3人份）

將1/2杯高湯、2大匙薄鹽醬油、2小匙味醂倒入鍋中，煮沸立刻關火，待其冷卻後放入一把煮好的菠菜使其入味，接著取出菠菜盛盤，最後灑上一點柴魚片即可完成。

菠菜拌芝麻（右）

帶點甜味的和風芝麻，
讓蔬菜連根部都能美味入口。

材料和作法（2～3人份）

2大匙炒過的白芝麻、2小匙醬油、1小匙砂糖放入碗中充分混合，接著放入一把已煮過的菠菜與調味料拌勻。

也能冷凍保存
將煮好的菠菜平放，放入夾鏈袋內，冷藏約可以保存 3 天，冷凍約可保存 1 個月左右。

小松菜可替代？

水煮小松菜的作法和菠菜一樣，只是小松菜的澀味較少，所以若以小松菜來煮或炒時，就算不先水煮，直接使用也沒問題。

煮地瓜

地瓜、馬鈴薯等根莖類蔬菜，雖然保存期限較長，卻也因此很容易被放到忘記。加上料理時直接水煮較耗費時間，所以在此推薦一個能短時間內就完成的水煮料理法。

材料（容易製作的份量）
地瓜 — 1條

1 洗切處理

以棕櫚刷將地瓜外皮仔細刷乾淨後連皮使用。將地瓜切成寬約1公分的片狀，放入水中靜置，去除多餘的澱粉，若水質變混濁則替換新的水。

2 水煮

水與地瓜放入鍋內後開始水煮。接著以竹籤戳戳看，若可以戳入內部就表示煮好了。

3 靜置冷卻

將煮好的地瓜靜置於篩子內使其冷卻，這時如果能將水氣散去，更容易封存食材的原味。

也能冷凍保存
將煮好的地瓜平放於夾鏈袋內壓出空氣密封，冷藏約可放3天，冷凍約可保存1個月。

豆腐泥拌地瓜

豆腐泥的口感
與地瓜的甜味十分搭配。

材料和作法（2～3人份）

取出1/2盒的嫩豆腐，瀝乾水分後放入碗內，加入2大匙白芝麻醬、1小匙薄鹽醬油、2小匙砂糖、1/4小匙鹽，接著攪拌成糊狀，最後放入約1條份量煮好的地瓜片與葡萄乾。

換成馬鈴薯？

馬鈴薯無論剝皮或連皮都可，放入水中以小火慢煮會更加美味。接著以竹籤戳戳看，可輕易戳入時就表示煮好了。

換成芋頭？

將芋頭去皮後水洗，放入熱水中約煮10分鐘左右，至芋頭內部也軟透時，取出放入篩子內，以水洗除表面的澱粉黏液，之後就能和其他料理一起使用。

煮青花菜

常被作為沙拉或配菜的青花菜，
若改以水煮來保存，就能作為簡易的便當菜。

材料（容易製作的份量）
青花菜 — 1顆
鹽 — 適量

1 分成小株	**2** 削掉硬皮	**3** 加鹽煮沸	**4** 瀝乾水分

將青花菜分成小株。較大株的部分，可從莖的中間劃開，再以手撥開成小段，處理時盡可能讓每株的大小都差不多。	由於莖的外皮較硬，所以請先除去厚皮，內裡的菜心，則切成易入口的大小。	將鍋內的熱水煮沸後加入鹽巴，接著放入青花菜以中火煮 2～3 分鐘。	將煮好的青花菜放入篩子瀝乾水分；也可使用圓扇搧涼，能避免食材退色。

青花菜&水煮蛋沙拉

只要加上美乃滋，
沙拉的美味立刻升級。

材料和作法（2～3 人份）
將1顆煮好的水煮蛋放入碗內，以叉子搗碎。接著放入
1/2顆青花菜、2大匙美乃滋、少許的鹽和胡椒進行調
味。依個人喜好可再加入少許黃芥末醬。

換成花椰菜？

將鹽巴放入熱水中煮沸，把花
椰菜分成小株後，放入鍋中用
中火煮 4～5 分鐘，等花椰菜
顏色變白後，在水中加入 2 小
匙的白醋。煮熟後，再取出放
在篩子上瀝乾水分備用。

也能冷凍保存

煮好的青花菜，分開擺放
避免重疊放入夾鏈袋內。
冷藏約可以保存 3 天，冷
凍約可保存 1 個月左右。

油炸料理

將剩菜全部吃光光

將冰箱內沒用完的剩菜集合起
來，簡單油炸一下，立刻就能
變身成美味佳餚。特別推薦能
將各類蔬菜組合在一起享用的
「炸什錦」。也可以另外製作
天婦羅、油炸物等作為主菜。

炸什錦蔬菜

將食材細切成容易炸熟的條狀，是製作此料理的一大重點！
只要放入各式各樣的蔬菜，就能創造出各種口味變化與口感，讓料理更豐富。

材料（2 人份）

牛蒡 ─ 1根
洋蔥 ─ 1/2顆
胡蘿蔔 ─ 5公分
天婦羅粉 ─ 1/2杯
水 ─ 80ml
油炸用油 ─ 適量
鹽 ─ 適量

1 洗切食材

將牛蒡、洋蔥、胡蘿蔔切成大小相同的條狀。牛蒡絲另外放入水中靜置片刻後，撈起將水分瀝乾。

2 灑炸粉

將步驟 1 切好的蔬菜放入碗內，灑上少許的天婦羅粉（材料份量以外），藉此讓麵衣更容易附著於食材上。

3 裹麵衣

天婦羅粉和水混合後調製出麵糊，再將步驟 2 的食材裹好麵糊，但注意麵衣不要厚到看不見食材的樣貌。接著將裹好麵衣的食材，先放在篩子上待用。

4 油炸

將裹好麵衣的食材分別放入中溫（約 70 度）的油炸鍋中，注意在外表炸到酥脆之前，不可以用筷子碰觸食材。

5 起鍋瀝油

酥脆定型後經反覆翻攪，直到呈現微焦的金黃狀即可起鍋；將炸好的食材立放於淺盤內，瀝乾油脂；最後取出盛盤，撒上鹽巴。

也可以用水分較少的蔬菜來製作炸什錦

將剩餘的食材組合起來，可以創造出各式各樣的炸什錦組合，但以水分少的蔬菜食材來製作炸什錦會比較美味。所以若要嘗試使用含水量較多的蔬菜，建議可先將食材作成蔬菜乾（P.74），再使用蔬菜乾來製作炸什錦。

蔬菜款炸春捲

以蝦米的鮮味，
為蔬菜的美味加分。

材料（4 人份）

芹菜 — 1/2 條

小蔥 — 1/2 把

香菇 — 4 朵

蝦米 — 2 大匙

春捲皮 — 10 張

麵粉、水 — 適量

油炸用油 — 適量

鹽 — 少許

作法

1　芹菜切成絲；小蔥切成 3 公分長；香菇切成薄片。

2　將步驟 **1** 的食材與蝦米放入碗內拌勻，接著以春捲皮包裹。再調和一點麵粉和水，沾在春捲的合口上作為固定之用。

3　將步驟 **2** 的春捲放入中溫（約 70 度）的油炸鍋中，炸至外表呈現酥脆狀。再依個人喜好撒上鹽即可食用。

Point

為了使食材受熱均勻，請將食材切成相同大小。加入富含鮮甜海味的蝦米是美味的關鍵。

蔬菜款芝麻天婦羅

加入芝麻的料理，
連小孩子都相當喜愛！

材料（2人份）
青花菜 — 1/4顆
花椰菜 — 1/4顆
A ─┬ 天婦羅粉 — 1/2杯
　 ├ 水 — 80ml
　 └ 炒過的芝麻（黑、白）— 各1大匙
油炸用油 — 適量
鹽 — 少許

作法
1 青花菜與花椰菜分成小株。
2 將材料 A 倒入碗內混合均勻作成麵糊，再將麵糊包裹於步驟 1 處理好的食材外。
3 將步驟 2 的食材放入中溫（約70度）的油炸鍋中，炸至外表呈現酥脆狀。最後依個人喜好撒上鹽即可食用。

涼拌炸茄子&南瓜

茄子和南瓜都是屬於油炸後會更美味的食材。
也非常適合作為家庭常備菜。

材料（2人份）
茄子 — 1條
南瓜 — 1/8個
A ─┬ 高湯 — 1/2杯
　 ├ 醬油 — 1大匙
　 ├ 味醂 — 2小匙
　 └ 薑汁 — 1小匙
茗荷 — 適量
油炸用油 — 適量

作法
1 將茄子隨意滾刀切成不規則塊狀；南瓜則切成寬約 8 公分的塊狀。不裹粉在中溫（約70度）的油炸鍋直接油炸。
2 將素材 A 放入另一鍋內拌勻，煮沸後立刻關火。
3 趁步驟 1 的食材起鍋還有餘溫時，放入步驟 2 的醬汁中進行醃漬。茗荷最後先切半再切成絲，撒在料理上即可食用。

疊煮料理

將食材有層次的堆疊熬煮
怎麼煮都好吃

疊煮料理,可以使用家中常備的洋蔥、胡蘿蔔、香菇等蔬菜食材來製作。不但視覺色彩豐富,美味可口,還營養滿分。雖然也能直接品嚐,但熬煮後的成果作為料理的提味之用,更是鮮甜滿分。

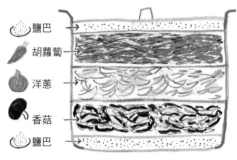

鹽巴
胡蘿蔔
洋蔥
香菇
鹽巴

蔬菜疊放的順序

先在鍋子底部鋪上薄薄一層鹽巴。將蔬菜由下而上依序堆疊放入「菇類、海藻類」「果菜類(如番茄)」「葉菜類」「薯芋類」「根菜類」,最後在撒上少許鹽巴,蓋上鍋蓋後開小火慢慢熬煮。

基礎款疊煮料理（切片）

基本款的疊煮料理能分別引出
香菇、洋蔥、胡蘿蔔等蔬菜的天然美味。

材料（完成後總重量約為 600 ～ 800g）

香菇 — 8朵
洋蔥 — 3顆
胡蘿蔔 — 2條
鹽 — 2小撮

保存期限
以冷藏保存，賞味
期限約為 1 週；冷
凍保存，則可保存
1 個月左右。

●疊煮料理多變化

味噌湯

燉煮入味後，
只要熱一下就能享用。

材料和作法（2人份）
將2杯高湯倒入鍋中加熱，將1
大匙味噌溶入高湯中，接著再
放入80g的疊煮料理煮熱即可
食用。

拌飯

只要拌入疊煮料理即可！
完全不需要重新調味。

材料和作法（2人份）
2茶碗的白飯與80g疊煮料理拌
勻後盛盤，取1片綠紫蘇切成
絲，最後撒上紫蘇絲和熟白芝
麻。

涼拌菜

只要拌入水菜即可！
是一道能立刻完成的料理。

材料和作法（2人份）
取1株水菜切成易入口的大小，
接著將水菜、疊煮料理100 g、
柴魚片放入碗內拌勻，最後倒
入醬油就完成了。

1 洗切食材

香菇去梗後切成薄
片；洋蔥切成絲；
胡蘿蔔切成絲。

2 鋪上香菇

在鍋子底部撒上 1
小撮鹽巴，接著鋪
平香菇作為第一層。

3 疊上洋蔥

第二層平鋪上洋蔥。

4 疊上胡蘿蔔

第三層平鋪上胡蘿
蔔。

5 蓋上鍋蓋燉煮

撒入 1 小撮鹽巴，
蓋上鍋蓋後以小火
煮 20 分鐘。若鍋蓋
有透氣洞口，請以
筷子等物將其塞
住，避免蒸氣跑掉。

6 疊煮完成

煮好後，食材體積
會比原先少 2/3 左
右。熄火後將食材
拌勻即可食用或冷
藏。

基礎款疊煮料理（切丁）

切成丁的蔬菜食材，
和切成片的蔬菜食材一樣
都能作成疊煮料理，
但以切丁的食材製作更多了一份咬勁。

材料（完成後總重量約為 700 ～ 800g）

馬鈴薯 — 3個　　胡蘿蔔 — 1/2條　　洋蔥 — 1顆　　鹽 — 2小撮

保存期限

以冷藏保存，賞味期限
約為 1 週；冷凍保存，
則可保存 1 個月左右。

1 洗切食材

馬鈴薯切成 1 公分
的丁狀後，放入水
中靜置片刻，撈起
將水分瀝乾；洋蔥
和胡蘿蔔也切成 1
公分的丁狀。

2 鋪上馬鈴薯

在鍋子底部撒上 1
小撮鹽巴，接著鋪
平馬鈴薯作為第一
層。

3 疊上洋蔥

第二層平鋪上洋蔥。

4 疊上胡蘿蔔

第三層平鋪上胡蘿
蔔。

5 蓋上鍋蓋燉煮

撒入 1 小撮鹽巴，
蓋上鍋蓋後以小火
煮 20 分鐘。若鍋蓋
有透氣洞口，請以
筷子等物品將其塞
住，避免蒸氣跑掉。

6 疊煮完成

食材變軟就是煮好
了，熄火後將食材
拌勻即可食用或冷
藏。

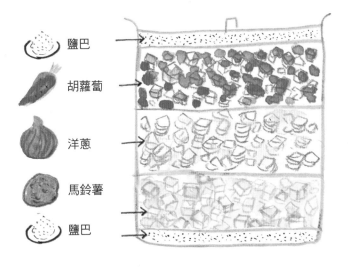

鹽巴

胡蘿蔔

洋蔥

馬鈴薯

鹽巴

蔬菜疊放的順序

疊放順序大致與 P.44 相同。切丁時請依序放入「馬鈴薯」「洋蔥」「胡蘿蔔」。

●疊煮料理多變化

沙拉

不需要花功夫處理
就能完成的馬鈴薯沙拉

材料和作法（2人份）
將疊煮料理200g放入碗內，加入1大匙橄欖油、2小匙顆粒黃芥末醬、少許鹽、少許醬油後進行輕拌調味。裝盤後放上少許巴西利點綴即可。

牛奶湯

與色彩鮮豔的食材非常搭，
也很適合當作早餐。

材料和作法（2人份）
1杯蔬菜湯（P.84）、1杯牛奶倒入鍋中加熱，放入疊煮料理100g持續加熱，再撒上少許的鹽、黑胡椒。

法式鹹派風

以白吐司取代派皮。
再放上起司烤一下即可！

材料和作法（1個小砂鍋的份量）
切除白吐司邊，塞入砂鍋內定型；在20g的疊煮料理內，加入1/2大匙的美乃滋，攪拌均勻後放在吐司上，撒上適量的起司粉，再放入烤箱中，烤至表面呈現焦黃色即可取出。

就交給鍋子吧！燉煮蔬菜

疊煮豬肉&大白菜

將蔬菜食材滿滿地塞入鍋中，轉小火慢慢燉煮就可以了。經熬煮後所流出的菜汁，能讓鍋中料理變得更美味。特別適合經常會整顆購買，卻又很難吃完的冬季蔬菜，如大白菜、白蘿蔔等。就將這些問題交給鍋子，以燉煮料理來解決。

在大白菜的間隙中夾入豬肉片，
接著開火燉煮即可！
是一道能將整顆大白菜輕鬆吃光的料理。

材料（4人份）

大白菜 — 1/4顆
豬五花肉 — 200g（切成薄片）
鹽 — 1/2小匙
胡椒 — 少許
酒＝3大匙

作法

1 將大白菜與豬五花相互交疊，切成適當大小後塞入鍋內。

2 在步驟 **1** 內撒入鹽、胡椒、酒後蓋上鍋蓋，以小火燜煮 20 分鐘左右。

Point

將大白菜與豬五花交疊塞入鍋中時，要整個塞滿不要留空隙。

筑前煮

試著以常用的冬季蔬菜，
來製作疊煮式的燉菜料理。
是一道完全不使用油且美味健康的菜餚。

材料（4人份）

蓮藕 ― 1/2節

胡蘿蔔 ― 1/2條

白蘿蔔 ― 10公分長

小芋頭 ― 4顆

雞腿肉 ― 1/2塊

蒟蒻 ― 1/2個

A ⎰ 高湯 ― 1/2杯
⎱ 酒 ― 3大匙
味醂 ― 2大匙
砂糖 ― 1大匙

醬油 ― 3大匙

作法

1. 蓮藕、胡蘿蔔粗切成大塊；白蘿蔔切成 1/4 圓片；芋頭去皮；雞腿肉切成易入口大小；蒟蒻以湯匙切成易入口大小。

2. 蒟蒻、芋頭、白蘿蔔、胡蘿蔔、蓮藕、雞肉依序放入鍋內。放入材料 A，蓋上鍋蓋，以小火煮 15 分鐘左右。

3. 將醬油倒入步驟 2 後拌勻，蓋上鍋蓋再以小火煮 5 分鐘左右。打開鍋蓋，可加入照燒醬微調湯汁濃淡。

Point

將食材放入鍋中時，要以疊煮料理的作法先鋪平再往上疊。待燉出湯汁後，才使用醬油進行調味。

油燜料理

以蔬菜為主角
的豐盛菜餚

就從色彩豐富又風味十足的「西西
里風味燉茄子」開始吧。因油脂而
使蔬菜色彩更加亮眼的油燜料理，
很適合作為招待客人之用。可活用
香草、大蒜、鯷魚等調味，讓料理
更加美味可口。

西西里風味燉茄子

使用茄子、櫛瓜、彩椒等夏季蔬菜，倒入滿滿的橄欖油後開始燜煮。
將蔬菜的美味與香草的香氣，完美封存於菜餚中。

材料（2人份）

茄子 — 1條

櫛瓜 — 1條

彩椒（紅、黃）— 各1/4個

洋蔥 — 1/2顆

大蒜 — 1瓣

橄欖油 — 2大匙

醋 — 1大匙

香草（＊）— 少許

鹽 — 1/3小匙

胡椒 — 少許

＊香草可依個人喜好選擇迷迭香、羅勒、百里香等。

1 洗切食材

全部蔬菜食材都切成1公分大小的丁狀。

2 製作大蒜油

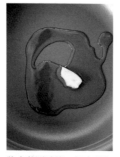

將大蒜壓碎後，把大蒜和橄欖油一起放入鍋中，開小火爆香。

3 炒蔬菜

待大蒜飄出香味後轉大火，放入全部的蔬菜丁拌炒片刻，再將一半的橄欖油以畫圓方式均勻倒入鍋中。

4 加入醋和香草

放入醋與個人喜歡的香草，再次以畫圓的方式將剩下的橄欖油倒入鍋中。

5 燜煮

蓋上鍋蓋後燜煮3分鐘左右，再拌入調味料如鹽、胡椒等進行調味。

倒入橄欖油
冷藏保存

雖然直接當作配菜吃很不錯，但也可以作為義大利麵的佐料，或是作為肉類、魚類的配菜之用。製作時可以先多做一點，待冷卻後再倒入橄欖油放入冰箱內保存，賞味期限約為約3～4天。

茄子&番茄的法式千層酥

在茄子和番茄之間夾入起司，
是道外表精緻的法式千層酥。

材料（2人份）

茄子—2條
番茄（中型）—2顆
起司絲—適量
羅勒—適量
橄欖油—適量

作法

1 茄子和番茄切成高1公分的厚片。

2 茄子、起司、番茄依序疊放，重覆兩次，最上方再放上起司，以同樣的步驟製作6～7個。將完成的千層酥放入平底鍋內。

3 在步驟2的千層酥上倒入橄欖油，蓋上鍋蓋，以中火燜煮至茄子變軟為止，完成後擺上羅勒葉即可。

Point

為了讓千層酥保持平衡，所以要選用大小相同的茄子和番茄，起司絲則可以幫助整體的連接與定型。

鰻魚拌花椰菜

加入鰻魚做調味，
讓家常料理大大加分。

材料（2人份）

花椰菜—1/2顆
鰻魚—2片
大蒜—1瓣
橄欖油—2大匙

作法

1 花椰菜分成小株；大蒜切成薄片。

2 鍋內放入大蒜和橄欖油開小火爆香，待香味冒出後轉中火，先放入花椰菜炒至半熟，再一點一點放入鰻魚肉末與花椰菜拌炒。

3 食材全熟之後，先蓋上鍋蓋以中火燜煮，大略收乾水分直到鍋蓋冒出聲響，再打開拌炒一下，最後蓋上鍋蓋以小火燜煮約5分鐘即可。

煮油燜高麗菜&
小番茄

直接吃就很好吃，
當作義大利麵的醬料也很不錯。

材料（4人份）

高麗菜 — 1/2顆

小番茄 — 8顆

大蒜 — 2瓣

橄欖油 — 2大匙

鹽、胡椒 — 各適量

作法

1 高麗菜略切成粗片；小番茄對切成半；
大蒜壓碎。

2 鍋內放入大蒜和橄欖油後開小火爆
香，待香味冒出後轉中火，放入高麗
菜和小番茄後，撒上鹽、胡椒。接著
以畫圓的方式將橄欖油（材料份量以
外）均勻倒入鍋中。

3 蓋上鍋蓋以小火燜煮 10 分鐘左右即
可。

Point

燜煮時，要隨時注意
鍋內狀況，適時加入
橄欖油，避免煮焦。

第
三
章

常
備
菜

只要預先製作一些常備菜，放入冰箱
中保存，就能讓每日的料理時光，變
得更加便利、輕鬆！常備菜既可以作
為保存食材之用，又能在似乎還差
一道料理時，立刻端出豐富菜色，是
個能達成「將食材完全用盡」的好幫
手。在此介紹如何將菇類、根菜類、
葉菜類等日常使用的蔬菜，作成常備
菜的各式食譜，請務必試試看。

金針菇醬

不必特地購買，在家就能輕鬆做出，
使用時，只要加上麵味露（日式醬油）
就能立刻享用。

材料（4人份）

金針菇 — 1袋

A ｛ 高湯 — 2大匙
醬油 — 2大匙
味醂 — 2大匙
酒 — 1大匙

作法

1 將金針菇切成約 1.5 公分
長。

2 在小鍋子內放入材料 A
後開火，放入金針菇以中
火煮到水分收乾為止。可
依個人喜好，放入橘醋醬
油或紅辣椒等都很適合。

＊以冷藏保存，賞味期限約為 5 天。

涼拌香菇

可以當作下酒菜直接食用，
也能運用於義大利麵或沙拉料理中。

材料（4人份）

香菇 — 3朵

鴻喜菇 — 1/2袋

杏鮑菇 — 2朵

蘑菇 — 3朵

A ｛ 橄欖油 — 2大匙
大蒜（壓碎）— 1瓣
紅辣椒（切碎）— 1條

白葡萄酒 — 2小匙

鹽 — 1/2小匙

胡椒 — 少許

檸檬汁 — 1大匙

橄欖油 — 適量

作法

1 將香菇梗末端切除後，切成
易入口的大小。

2 將材料 A 放入鍋中開小火，
待香味冒出後放入菇類食材
轉大火拌炒。

3 將白葡萄酒倒入步驟 **2** 內拌
勻後，撒上鹽、胡椒。熄火
後倒入檸檬汁。

4 以畫圈方式倒入橄欖油，再
將食材放入保存的容器。

＊以冷藏保存，賞味期限約為 5 天。

照燒小馬鈴薯

又鹹又甜的外皮，正是小馬鈴薯美味的關鍵！
慢慢地翻轉讓照燒醬入味。

材料（4 人份）

小馬鈴薯 — 10～12顆

A ┌ 高湯 — 3/4杯
  │ 醬油 — 2大匙
  │ 砂糖 — 1大匙
  └ 酒 — 1大匙

味醂 — 1大匙
沙拉油 — 適量

作法

1 將小馬鈴薯確實洗淨後連皮一起使用。

2 沙拉油倒入鍋中開火熱鍋，放入步驟 **1** 的小馬鈴薯轉中火翻炒。

3 放入材料 A 待小馬鈴薯變軟後轉小火，煮至鍋內水分收乾為止，加入味醂，淋上照燒汁拌勻入味後即可食用。

* 以冷藏保存，賞味期限約為 2 ～ 3 天。

馬鈴薯咖哩肉燥

能讓食慾大開的咖哩肉燥！
如果能以蔬菜湯（P.84）作湯底就更加美味。

材料（4 人份）

馬鈴薯 — 4顆
雞絞肉 — 100 g
咖哩粉 — 2小匙
鹽 — 1/3小匙
高湯 — 適量
青豌豆（冷凍或罐頭）
　　 — 2大匙
奶油 — 10 g

*高湯部分，可使用書中所
　介紹的蔬菜湯（P.84）或
　是清湯也可以。

作法

1 將馬鈴薯切成易入口的大小，放入水中靜置片刻後，撈起將水分瀝乾。

2 雞絞肉放入鍋中轉中火拌炒。

3 將步驟 **1** 的馬鈴薯放入步驟 **2** 內拌炒，撒入咖哩粉和鹽。將高湯倒入鍋中，分量剛好覆蓋食材即可。煮至水分收乾，加入青豌豆拌勻，最後才放入奶油，待奶油自然融化後拌勻即可食用。

* 以冷藏保存，賞味期限約為 2 ～ 3 天。

煮南瓜

切過的南瓜，一定要趕快使用完。
首先，就來製作基礎款的煮南瓜。

材料（4 人份）
南瓜 — 1/4 顆
高湯 — 1/2 杯
味醂 — 2 大匙
砂糖 — 2 小匙
醬油 — 2 小匙

作法

1 將南瓜（帶皮）切成易入口的大小。
2 將步驟 **1** 的南瓜放入鍋中，加入高湯、味醂、砂糖後，蓋上燉煮料理專用的鍋蓋，以中火燉煮。
3 待南瓜肉變軟後，加入醬油煮至水分收乾即可食用。

＊以冷藏保存，賞味期限約為 2 ～ 3 天。

南瓜沙拉

加入優格的溫和滋味，
像是帶點甜味的點心。

材料（4 人份）
南瓜 — 1/5 個
A ─ 美奶滋 — 3 大匙
　　優格 — 2 大匙
　　黃芥末醬 — 1/2 小匙
　　鹽、胡椒 — 各少許
杏仁片（依個人喜好）— 少許

作法

1 將南瓜切成 3 公分的塊狀，以微波爐加熱 6 分鐘（也可以改用煮或蒸的方式）。
2 將步驟 **1** 的南瓜放入碗內，以木飯匙輕輕壓碎，加入材料 A 拌勻後盛盤。最後依個人喜好加入杏仁片。

＊以冷藏保存，賞味期限約為 2 ～ 3 天。

金平雙色蘿蔔（拌炒雙色蘿蔔）_註

連皮一起下鍋，更能鎖住蔬菜的天然美味！
這是道越入味越好吃的料理。

材料（4人份）

白蘿蔔 — 一段，約10公分
胡蘿蔔 — 一段，約5公分
麻油 — 適量
紅辣椒 — 1根
A ┤ 醬油 — 2小匙
　　味醂 — 2小匙
　　麻油 — 2小匙
熟白芝麻 — 少許

作法

1 白蘿蔔和胡蘿蔔連皮一起，分別切成絲。

2 麻油和紅辣椒放入平底鍋內開火爆香，放入步驟 **1** 的食材轉中火拌炒，待煮熟後加入材料 A 拌勻，盛盤後撒上芝麻即可。

*以冷藏保存，賞味期限約為 2～3 天。

註：金平，日式料理手法的一種，通常指根莖類蔬菜食材的切絲拌炒。

涼拌芝麻牛蒡

牛蒡的外皮也相當可口。
即使放涼了也很好吃。

材料（4人份）

牛蒡 — 1條
醋 — 適量
A ┤ 白芝麻粉 — 2大匙
　　薄鹽醬油 — 2小匙
　　砂糖 — 1小匙

作法

1 牛蒡連皮一起使用，切成約 4 公分長的小段，畫上十字切痕，放入水中靜置片刻後，撈起將水分瀝乾。

2 將熱水倒入鍋內煮沸後，加入醋並放入步驟 **1** 的牛蒡食材。煮好取出放在篩子上約略瀝乾，趁熱與材料 A 拌勻即可。

*以冷藏保存，賞味期限約為 2～3 天。

糖醋牛蒡

油炸後會更香的牛蒡上，
淋上滿滿的糖醋醬。

材料（4人份）

牛蒡—1條

醋—適量

太白粉—適量

A ┌ 醬油—2小匙
　│ 味醂—2小匙
　│ 醋—2小匙
　└ 砂糖—1小匙

油炸用油—適量

作法

1 牛蒡連皮一起使用，切成約4公分長的小段後再切成薄片，放入水中靜置片刻，撈起將水分瀝乾。

2 將步驟 **1** 的牛蒡放入塑膠袋內，加入太白粉後，上下搖晃使牛蒡沾滿太白粉。

3 將沾粉後的牛蒡放入中溫（約170度）的油鍋內，炸至呈現酥脆的焦黃色。

4 材料 A 放入小鍋開火，待煮沸後立刻關小火，放入步驟 **3** 的牛蒡煮至水分收乾。

＊以冷藏保存，賞味期限約為 2～3 天。

Point

要將塑膠袋捏緊袋口上下大力搖晃，如此一來即使太白粉的量不多，牛蒡也能完整沾太白粉。

簡易版普羅旺斯燉菜

不需要燉煮番茄，
只要簡單炒一下就 OK ！

材料（4人份）

茄子 — 2條
青椒 — 2個
小番茄 — 8顆
洋蔥（＊）— 1/6個
大蒜 — 1瓣
橄欖油 — 2大匙
鹽、胡椒 — 各少許
＊洋蔥部分也可以使用嫩炒洋蔥（P.68）

作法

1 茄子隨意切成塊狀，放入水中靜置片刻後，撈起將水分瀝乾；青椒也隨意切成塊狀；小番茄切成 4 等分；洋蔥和胡蘿蔔切成末。

2 將洋蔥、胡蘿蔔、橄欖油放入鍋中以小火爆香，待香味冒出後轉中火拌炒。

3 先放入茄子，並在茄子處倒入橄欖油後，依序放入青椒、小番茄進行拌炒，最後撒上鹽巴調味，即可起鍋。

＊以冷藏保存，賞味期限約為 2 ～ 3 天。

Point

小番茄要最後才放入，
只需要簡單炒熟即可。
在炒的過程中，食材所
熬出的醬汁也是此料理
的美味重點之一。

煮茄子

在茄子上畫出格子狀的切痕，
可以幫助料理入味。

材料（2 人份）
茄子＝2條
A ⎰ 高湯 — 1杯
　⎱ 醬油 — 1大匙
　　 味醂 — 1大匙
薑汁 — 1小匙
綠紫蘇（切絲）— 2片
麻油 — 適量

作法

1 將茄子切成易入口的大小，外表畫出格子狀的
切痕，放入水中靜置片刻後，撈起將水分瀝乾。

2 麻油倒入鍋中熱鍋，再將步驟 **1** 的茄子下鍋轉
中火後拌炒。

3 將材料 A 放入步驟 **2** 內，煮到茄子變軟即可。
接著加入薑汁後熄火。

4 盛盤後擺入綠紫蘇裝飾。

＊以冷藏保存，賞味期限約為 2 ～ 3 天。

Point
將料理時的湯汁放涼後
一起裝入保存容器，再
把帶有格子狀切痕的茄
子放入，既能讓茄子越
放越入味，也能保有茄
子原本的色澤。

吻仔魚炒西洋芹

整根西洋芹連菜葉都使用，
只要加入大蒜和紅辣椒，就能讓口味更強烈一些。

材料（4 人份）
西洋芹 — 1條
吻仔魚 — 2大匙
A ⎰ 橄欖油 — 1大匙
　⎱ 大蒜（壓碎）— 1瓣
　　 紅辣椒 — 1/2條
鹽 — 1/3小匙
胡椒 — 少許

作法

1 西洋芹斜切成段，葉子
略切成粗片。

2 材料 A 放入平底鍋內開
小火爆香，待香味冒出後
放入吻仔魚快炒。

3 放入西洋芹轉中火，加
入鹽、胡椒進行調味。最
後才放入西洋芹葉拌炒。

＊以冷藏保存，賞味期限約為 2 ～
3 天。

顆粒黃芥末醬涼拌高麗菜

以德國酸菜風的小菜，
來作為喝啤酒的下酒菜。

材料（2人份）

高麗菜 — 3～4片
胡蘿蔔 — 一段，約3公分長
鹽 — 適量

A {
橄欖油 — 1大匙
顆粒黃芥末醬 — 2小匙
醋 — 2小匙
鹽、胡椒 — 少許
}

作法

1 高麗菜略切成粗片，胡蘿蔔切成薄片。

2 將水加鹽煮沸後放入步驟 **1**（請參考 P.36），煮好後放入篩子內將水分瀝乾。

3 將材料 A 先放入碗內拌勻，在步驟 **2** 的高麗菜放入拌勻後即可。

＊以冷藏保存，賞味期限約為 2 ～ 3 天。

快煮大白菜＆油豆腐

即使只是快煮一下，
也能讓油豆腐和大白菜美味上桌。

材料（4人份）

大白菜 — 1/6顆
油豆腐 — 1片

A {
高湯 — 1/2杯
醬油 — 1大匙
味醂 — 1大匙
酒 — 1大匙
}

沙拉油 — 適量

作法

1 大白菜的菜梗切成約 4 公分的長方形，葉子則切成易入口的大小；油豆腐切一半後，再切成約 1 公分的長方形。

2 沙拉油先倒入鍋內熱鍋，放入大白菜的菜梗後轉中火拌炒，接著放入大白菜的菜葉和油豆腐，加入材料 A 後約煮 5 分鐘即可起鍋盛盤。

＊以冷藏保存，賞味期限約為 2 ～ 3 天。

三色韓式涼拌菜

以豆芽菜、菠菜、胡蘿蔔三種
顏色的蔬菜作為配菜，
不但視覺好看，營養成分也相
當均衡。

材料（4人份）

豆芽菜 — 1/2袋

A ┤
麻油 — 2小匙
薄鹽醬油 — 1小匙
白芝麻粉 — 1小匙
大蒜泥 — 1/4小匙
鹽 — 少許

菠菜 — 1/2把

B ┤
麻油 — 1小匙
醬油 — 1小匙
白芝麻粉 — 1小匙
大蒜泥 — 1/4小匙
鹽 — 少許

胡蘿蔔 — 1/3條

C ┤
麻油 — 1/2小匙
醬油 — 1/2小匙
白芝麻粉 — 1/2小匙
大蒜泥 — 1/4小匙

鹽 — 少許

作法

1 豆芽菜加鹽煮沸（請參考
P.36），煮好後放入篩子內將
水分瀝乾。接著放入碗中，趁
熱時加入材料 A 拌勻即可。

2 菠菜加鹽煮沸（請參考 P.36），
放入水中靜置片刻後，撈起將
水分擰乾，切成 3 公分長的小
段，加入調味料 B 拌勻即可。

3 胡蘿蔔切絲加鹽煮沸（請參考
P.36），煮好後放入篩子內將
水分瀝乾。接著放入碗中，趁
熱時加入材料 C 拌勻即可。

＊以冷藏保存，賞味期限約為 2～3 天。

Point

豆芽菜和胡蘿蔔在調
味時，要趁著剛煮好
食材還溫熱時完成，
這樣比較容易入味。

第四章 菜餚的原味&保存食材

多花一點功夫，將一次無法立刻使用完的蔬菜，作成可保留食材原味的料理。將用剩的食材，改做成越放越好吃的醃漬品，或是能長期保存的蔬菜乾。

只需要多花一點點功夫，不僅不浪費食材，還能創造出許多每日都可以食用的佳餚，讓餐桌料理越來越豐富多元。

義式調味菜

「義式調味菜」是以遇熱後會產生甜味的洋蔥、胡蘿蔔、西洋芹等食材為主，再淋上橄欖油炒製而成。這道義大利菜，也常被用於義大利麵醬汁或燉煮料理中的佐料，是個非常重要的料理方法，如果手邊有多餘的蔬菜都可拿來製作！

義式調味菜的製作基礎

將蔬菜切成末，再以小火拌炒，
分別引出食材的甜味。
與湯品或義大利麵一起享用更是絕配。

材料（完成後總重量約為100g）
洋蔥 — 1顆
胡蘿蔔 — 1條
西洋芹 — 1根
橄欖油 — 2大匙
鹽 — 少許

保存期限

以冷藏保存，賞味期限約為 4～5 天；冷凍保存，則可保存 1 個月左右。以冷凍保存時，可先以筷子劃分份量，以便下次取用。

1 洗切食材

分別將洋蔥、胡蘿蔔、西洋芹切成末。

2 放入蔬菜

將橄欖油倒入平底鍋熱鍋後，放入步驟 **1** 的食材拌炒。

3 仔細拌炒

以小火拌炒，將食材炒至全熟變軟為止。

●義式調味菜多變化

蛋花湯

將義式調味菜變成湯品，
讓湯品更具口感。

材料和作法（2人份）

2杯蔬菜湯（P.84）倒入鍋中後加熱，放入義式調味
菜40g拌勻。接著打一顆蛋攪散入鍋，待蛋液凝固
後，放入鹽、胡椒進行調味。盛盤後撒上蔥花即可
食用。

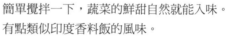

奶油拌飯

簡單攪拌一下，蔬菜的鮮甜自然就能入味。
有點類似印度香料飯的風味。

材料和作法（2人份）

在2杯茶碗分量的熱白飯內，放入1大匙奶油和
40g熱的義式調味菜後充分拌勻。盛盤後撒上
少許巴西利末即可食用。

義大利肉醬麵

使用義式調味菜，讓口味更道地。
輕鬆做出口感滑嫩的義大利肉醬。

材料和作法（2人份）

沙拉油倒入平底鍋熱鍋，接著放入牛絞肉150g轉
中火炒散。待肉色變熟後，放入義式調味菜70g拌
炒，再放入紅酒20ml燉煮讓酒精揮發。倒入1罐含
切塊果肉的番茄罐，加入適量的月桂葉、鹽、胡椒
後燉煮30分鐘。將煮好的義大利麵盛盤後淋上義大
利肉醬即可食用。

嫩炒料理

將洋蔥以小火慢炒至半透明狀，美味的嫩炒洋蔥就完成了，也可以同樣的方法製作嫩炒香菇、嫩炒長蔥等。若在這些嫩炒料理內加入高湯、食材或配料等，就能變化出各式各樣的菜餚。如果有時間的話，請一定要試試看。

基本款 嫩炒洋蔥

運用範例

- 義大利麵的醬料
- 湯品內的配料
- 拌飯的佐料
- 歐姆蛋的內餡

以拌炒引出食材天然的甜味，可取代調味料使用。

材料（容易製作的份量）

洋蔥 — 2顆
沙拉油 — 1大匙
鹽 — 少許

保存期限

以冷藏保存，賞味期限約為4～5天；冷凍保存，則可保存1個月左右。以冷凍保存時，可先以筷子劃分份量，以便下次取用。

1 切洋蔥

將洋蔥切成末，切越細越好，料理時會比較容易熟透。

2 拌炒

將沙拉油倒入平底鍋中熱鍋，放入洋蔥持續拌炒，不要讓洋蔥焦掉。

3 炒至半透明狀

以小火持續拌炒至洋蔥呈現半透明狀為止，撒上鹽巴進行調味即可食用。

嫩炒香菇

└─▸ 運用範例

- 煎餃或燒賣的內餡
- 湯品內的配料
- 拌飯的佐料
- 炒蔬菜的配料
- 燉煮料理的調味

不僅好吃，也可取代高湯來使用
既能調味又能增加料理配料的豐富度。

材料（容易製作的份量）

香菇－10朵
沙拉油－1大匙
鹽－少許

作法

1 去掉香菇梗，切成薄片。

2 將沙拉油倒入平底鍋中熱鍋，放入步驟 **1** 的香菇轉小火拌炒，最後撒上鹽巴進行調味即可食用。

嫩炒長蔥

└─▸ 運用範例

- 麵食的配料
- 豆腐小菜的配料
- 湯品內的配料

只要淋在料理上，
香氣立刻蔓延開來。

材料（容易製作的份量）

長蔥－3條
沙拉油－1大匙
鹽－少許

作法

1 將長蔥的蔥白部份斜切成薄片。

2 將沙拉油倒入平底鍋中熱鍋，放入步驟 **1** 的蔥白薄片轉小火拌炒，最後撒上鹽巴進行調味即可食用。

磨成泥的野菜糊料理

蓮藕泥

↳ 與燉菜料理一起享用

將奶油跟麵粉一起煮成糊，
再加入所有材料，
一下子就能完成黏稠的口感。

材料和作法（4人份）

將1/2塊雞腿肉切成易入口的大小，撒
上少許的鹽、胡椒。1/3節蓮藕隨意切
成塊狀，1/4個蒟蒻隨意切成塊狀，1/2
個洋蔥切成薄片。2杯蔬菜湯（P.84）
倒入鍋中蓋上鍋蓋，以小火煮10分鐘。
將另外2/3節的蓮藕磨成泥，加入鍋內
煮成稠狀後，再倒入1杯牛奶煮至沸
騰後熄火。放入8朵煮青花菜（P.39）
後，加入少許的鹽、胡椒進行調味即可
食用。

也能冷凍保存

將煮好的野菜糊平放入
夾鏈袋內。先以筷子劃分
份量，以便下次取用。以
冷藏保存，賞味期限約為
3天；冷凍保存，則可保
存1個月左右。

山藥泥

↳ 與焗烤料理一起享用

享受這入口即化的美好口感
是焗烤料理的重點。

材料和作法（2人份）

將1條山藥磨成泥後放入碗內，放入1小
罐鮪魚罐頭、1/2顆蛋液、蔥花以及少
許的薄鹽醬油後拌勻，接著將食材倒入
烤皿，撒上起司絲30g後放入烤箱，烤
至呈現焦黃色即可。

不直接使用蔬菜食材來料理，
而是先將食材磨成泥狀做成「野
菜糊」，是種能活用各種食材，
並用到一點都不剩的料理妙方。
不僅可用於燉菜料理或焗烤料
理中，在日常的菜餚中加一點
提味，不但能讓菜餚更健康，
還能創造不同的滋味！

大頭菜糊

↳ 與濃湯一起享用

將大頭菜的甜味全部濃縮於濃湯內。
這是道連小朋友都相當喜愛的料理。

材料和作法（2人份）

將3顆大頭菜切成薄片後氽燙，放入榨
汁機內打成汁。將大頭菜糊、30g嫩炒
洋蔥（P.68）、2杯蔬菜湯（P.84）一起
倒入鍋中加熱，再加入少許的鹽、胡椒
進行調味。將煮過的大白頭菜葉切成
末，撒在料理上即可食用。

青花菜糊

↳ 與和風小菜一起享用

餐桌上的綠色和風小菜，
總能吸引大家的目光。
加上馬鈴薯沙拉會更加爽口。

材料和作法（2人份）

取8朵煮青花菜（P.39）放入榨汁機內打成汁。將2顆馬鈴薯切
成易入口的大小，5公分長的胡蘿蔔切成1/4圓片，1/4顆洋蔥切
成丁後，全部放入鍋中水煮。接著將馬鈴薯、胡蘿蔔、洋蔥撈
起瀝乾後，一起放入碗內拌勻，加入適量的美奶滋、鹽、胡椒
進行調味，最後再加入50g的青花菜糊拌勻後即可食用。

番茄糊

↳ 與中華涼麵一起享用

帶點酸味的可口菜餡，
加入拉麵湯汁內也很好吃！

材料和作法（2人份）

取1顆番茄隨意切成塊狀後，放入榨汁機內打
成汁，再與市售的中華涼麵醬汁以1：1的比
例混合。將1/2條小黃瓜和2片叉燒切成絲，
取1顆蛋作成蛋絲。煮好2球麵後盛盤，在放
上切好的料，最後再淋上番茄糊即可食用。

製作高湯、淋醬

法式酸辣醬

番茄的酸味和小黃瓜的爽口讓人印象深刻，同時還能引出洋蔥的辛辣口感。

材料和作法（容易製作的份量）

1/2顆番茄、1/8顆洋蔥、5公分長的小黃瓜一段，全都切成碎末。加入2小匙的醋、1大匙的橄欖油、少許的鹽、胡椒後拌勻即完成。

＊以冷藏保存，賞味期限約為2～3天，不可冷凍。

運用範例　•義式生牛肉的淋醬
　　　　　•法式煎魚排的淋醬
　　　　　•白斬雞的沾醬

山形縣家鄉菜

以茄子和茗荷製作的漬物，
很適合用來配飯。

材料和作法（容易製作的份量）

茄子、小黃瓜、茗荷全都切成丁後拌勻，取100g備用。加入5g的昆布絲，1小匙生薑泥、2小匙醬油、少許的鹽拌勻後即可。

＊以冷藏保存，賞味期限約為2～3天，不可冷凍。

運用範例　•冷豆腐的配料
　　　　　•白飯的配料
　　　　　•素麵的配料

利用冰箱內的蔬菜食材，在家做出方便使用的「特製調味料」。不僅可用於肉類、魚類的調味，也能用來拌飯，或是作為高湯等用途非常多，可依個人喜好使用。由於考量到保存期限的問題，請使用新鮮的蔬菜和水果來製作。

羅勒醬

以羅勒作為範例，
將蔬菜改製成可延長保存期限的醬料。

材料和作法（容易製作的份量）

將羅勒50g、1/2瓣的大蒜、1小撮鹽、1/2杯橄欖油，一起放入榨汁機內打成糊。放入保存容器時，要加入足夠的橄欖油。

＊以冷藏保存，賞味期限約為2～3天，冷凍保存，則可保存1個月左右。

運用範例　•義大利麵的佐醬
　　　　　•溫沙拉的淋醬
　　　　　•嫩煎肉排或嫩煎魚排的淋醬

醬油漬大蒜

將大蒜切成薄片，
再以醬油醃漬就 OK。

材料和作法（容易製作的份量）

取5瓣大蒜切成薄片後放入醃漬
罐內，倒入1杯醬油即完成。

＊以冷藏保存，賞味期限約為3個月～
半年，不可冷凍。

運用範例

- 炒飯的調味
- 燉煮料理的調味
- 熱炒料理的調味

醬油漬韭菜

韭菜的風味在醬油中也不會被
掩蓋，
很適合用於鍋料理。

材料和作法（容易製作的份量）

將1/2把韭菜切成小段後放入醃
漬罐內，倒入1杯醬油即完成。

＊以冷藏保存，賞味期限約為1週，不
可冷凍。

運用範例

- 冷豆腐的淋醬
- 炒飯的調味
- 和風小菜的淋醬
- 鍋料理的湯頭

醋漬小黃瓜

清爽可口的小黃瓜，
非常適合用於和風料理中。

材料和作法（容易製作的份量）

將1/2條小黃瓜磨成泥，加入1大
匙醋後拌勻即完成。

＊以冷藏保存，賞味期限約為1天，不
可冷凍。

運用範例

- 和風小菜的沾醬
- 烤魚料理的沾醬
- 白斬雞的沾醬

檸檬醬

檸檬的酸味既清爽又可口。
是非常適合用來開胃的調味醬。

材料和作法（容易製作的份量）

在耐熱容器內放2大匙味醂後加熱20秒。
待溫度稍微下降一些時，放入1/2根長蔥
切成的末，與2/3小匙的鹽一起拌勻。再
加入1/2顆檸檬擠出的檸檬汁，以刨刀稍
微削下一些檸檬皮屑，拌勻後即完成。

＊以冷藏保存，賞味期限約為3天，不可冷凍。

運用範例

- 冷豆腐的淋醬
- 烤肉的醬料
- 沙拉的淋醬

蔬菜乾

蔬菜乾和新鮮蔬菜有著截然不同的風味。比起新鮮蔬菜，去除水分的蔬菜乾，不但甜度增加，還提高了食材的風味，是個好處多多的處理方式。蔬菜乾的製作方法，有只需幾個小時就能完成，也有需要花費一週以上才能完成的，請依個人喜好挑選喜愛的蔬菜來試試看！這些可口又美味的蔬菜乾製作完成後，也可以當作日常的小零嘴！

> **事前的準備（半乾款、全乾款均適用）**
> ○ 由於蔬菜乾會連皮使用，所以製作前請先確實清洗乾淨。
> ○ 可使用廚房紙巾確實將食材擦乾。
> ○ 將蔬菜切成易入口的大小，可方便之後食用。（切面越大，水分越容易蒸發）

Before

幾個小時後⋯

After

㊌ 乾款的製作基礎

只要曬個兩三天，
就可以輕鬆做出完全不同於蔬菜口感的蔬菜乾！

要挑選哪些蔬菜食材？
任何的蔬菜食材都 OK ！

晾曬完成的標準
蔬菜乾晾曬的標準，依氣候狀況需要幾個小時到半天左右。只要觀察晾曬的蔬菜食材，呈現缺水的紋路或是整株癱軟時，就是 ok 了！但如果日照不足，隔天還需要再重複晾曬一次。

食用方法
半乾的蔬菜乾，少了水分，多了日曬風味，吃起來口感更豐富，可以直接當作料理食材。

保存方法
放在廚房紙巾上，不要蓋上保鮮膜，直接放入冰箱。冷藏可以保存 5 天，請在賞味期限內食用完畢。

晾曬的方法

○ 準備好晾曬用的篩子，排列時要讓蔬菜彼此分開不要交疊在一起。

○ 選擇日光充足又通風的地方晾曬。

○ 晾曬過程中，要反覆地將蔬菜食材翻面。

（以下是全乾款要注意的）

○ 雨天或濕氣重的時候，可以移動到室內通風良好的地方或是放置於
　冰箱內，晾曬時要注意食材狀況避免產生黴菌。

○ 如果想要避免沾染上灰塵，可以使用透光透氣的防塵網蓋住。

After

Before

1 週後‥

全 乾款的製作基礎

無論是香菇或是切塊的白蘿蔔都是很好的選擇，
只要放在一旁晾曬就能輕鬆完成了。
蔬菜的精華全都濃縮於蔬菜乾內，用來熬煮成高
湯特別美味。

要挑選哪些蔬菜食材？

除了葉菜類以外全都 OK。

晾曬完成的標準

晾曬的時間約 1 週左右，要等蔬菜食材的水分完全蒸
發掉才算完成。依蔬菜食材的種類不同，所需的時間
也會有所不同，所以請依照蔬菜的外觀狀況來判斷。

食用方法

完全乾燥的蔬菜乾可加水使用，作為製作高湯的湯料
也很不錯。

保存方法

在常溫之下可以保存 3 週，請在賞味期限內食用完畢。

下雨天也可製作！
以微波爐來做蔬菜乾

將蔬菜食材切成薄片，以不交疊的方
式放入可微波的容器內，約微波 3 分
鐘左右，接著將蔬菜翻面，再微波 2
分鐘左右。即可完成，完成後可直接
當作蔬菜片享用。

蔬菜乾的美味吃法

半 乾的馬鈴薯
↳ 酥炸帶皮馬鈴薯

酥脆外皮
是美味重點之一。
可口滋味,
讓人一吃難忘。

材料和作法(容易製作的份量)
將乾的馬鈴薯200g放入中溫
(約170度)的油炸鍋中,炸
至酥脆。盛盤後撒上鹽,如
果手邊有巴西利的話可也擺
入裝飾。

半 乾的小番茄
↳ 番茄乾佐義大利麵

單價不便宜的番茄乾,
其實在家就能自行製作。
利用帶有甜味的番茄乾,
來為料理提味。

材料和作法(2人份)
在鍋內放入熱水煮沸後,灑入1/2大匙
的鹽,放入義大利麵160g煮熟。將2大
匙橄欖油和1瓣壓碎的大蒜放入平底
鍋中爆香,待冒出香氣後,放入10個
半乾的番茄乾轉中火快炒,加入煮義
大利麵的煮麵水70ml,放入煮好的義
大利麵拌勻,再加入鹽、胡椒進行調
味。盛盤後可撒上巴西利碎末。

全 乾的白蘿蔔乾
↳ 爽脆的漬蘿蔔

清爽香脆的口感,
越嚼越好吃,
簡單就能吃出蘿蔔好
滋味。

材料和作法(容易製作的份量)
將全乾的白蘿蔔乾50g加水浸泡還
原。另起一鍋分別加入各1/4杯的醬油
和醋,以及各2大匙的味醂和水,再
放入1根紅辣椒,煮沸後熄火。加入
剛剛泡水還原的白蘿蔔乾,靜置1個
小時使其醃漬入味,即可食用。

全 乾的白蘿蔔、胡蘿蔔、蓮藕、牛蒡、香菇

↳ 日式野菜乾雜燴湯

只要加入富含滋味的各色蔬菜乾，簡單就能讓料理更有味道。所製作的湯品也非常營養，讓人想一滴不剩的全部喝光！

材料和做法（2人份）

全乾的蔬菜乾20g（可用白蘿蔔、胡蘿蔔、蓮藕、牛蒡、香菇等隨意組合）以水洗淨，將2杯水、切成5公分的小塊昆布、與蔬菜乾一起放入鍋中，用中火煮15分鐘。再加入少許的薄鹽醬油進行調味，盛盤後撒上小段蔥花即可。

半 乾的高麗菜、胡蘿蔔、西洋芹

↳ 香蒜辣椒野菜乾義大利麵醬

將蔬菜絲放在半乾的義大利麵上就完成了。也可以當作下酒菜。

材料和做法（2人份）

將1/2瓣的大蒜壓碎、1/2根紅辣椒、1大匙橄欖油一起放入平底鍋內以小火爆香，待冒出香氣後放入蔬菜乾50g（可用高麗菜、胡蘿蔔、西洋芹等隨意組合）轉中火拌炒，加少許的鹽和胡椒進行調味。

半 乾的筍子

↳ 筍乾
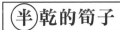

利用筍子的獨特風味，創造出獨特的手作筍乾料理。

材料和做法（2人份）

1大匙麻油倒入鍋中後熱鍋，放入半乾的筍子200g以中火拌炒。再加入1大匙薄鹽醬油、2大匙味醂、2小匙雞粉後拌勻，炒至湯汁收乾。

醃製蔬菜

淺漬

蔬菜切片後以鹽巴醃漬就好了！
這是一入味就能立即享用的簡單料理。

「要利用醃漬的方法把蔬菜食材全部用光，那一定很困難！」其實只要把用剩的蔬菜放入醃漬用的糠床內，就能輕鬆變成美味的醃漬品。本篇將介紹許多連初學者，都能輕鬆完成的醃漬物。

茄子&生薑（左）

單純以生薑和鹽調味，
是道口味樸實的淺漬料理。

材料和做法（容易製作的份量）

2條茄子先縱向對切，再斜切成片；將1/2片生薑和4片綠紫蘇分別切成絲；將全部食材放入保存容器內，撒上鹽巴後拌勻冰藏即可食用。

＊以冷藏保存，賞味期限約為2～3天。

大白菜&大蒜（上）

將大白菜醃漬至出水，
是這道料理美味的要點，
鹽巴的用量請依個人喜好。

材料和做法（容易製作的份量）

3片大白菜略切成粗片，5公分的胡蘿蔔切成絲；將食材放入夾鏈袋內，撒入鹽後拌勻，待大白菜釋出水分後即可食用。

＊以冷藏保存，賞味期限約為2～3天。

米糠漬

不需要費工製作糠床，
也不用每天費力攪拌……
在此傳授超容易就能完成米糠漬的秘密武器。

材料和做法（容易製作的分量）

按照市售的米糠醃漬包標示，製作出米糠。小黃瓜、胡蘿蔔、茄子（分別以水洗淨後擦乾）後，放入糠床內至完全淹沒，靜置1天以上。
＊以冷藏保存，賞味期限約為1個月。

◉米糠漬多變化

涼拌雙色蘿蔔泥

在白蘿蔔泥內拌入米糠醃漬過的胡蘿蔔，
待入味後白蘿蔔泥的滋味會更有層次。

材料和做法（容易製作的份量）

將約3公分的米糠漬胡蘿蔔切成末，拌入適量白蘿蔔泥。也可以配上烤魚一起享用。

米糠漬初學者的
便利好物！

將米糠粉、水、天然酵母放入夾鏈袋內搓揉後，放入容器內做出糠床，接著只要放入蔬菜進行醃漬就OK了。

味噌漬

味噌漬不只適用於魚肉，
改以蔬菜來製作後，直接食用也相當美味。

材料和做法（容易製作的份量）

將150g味噌和3大匙味醂拌勻，放入保存容器內
製作糠床。分別將白蘿蔔、胡蘿蔔、茗荷切成易
入口的大小；取適量的牛蒡汆燙後瀝乾，切成易
入口的大小。將食材埋入糠床內，靜置1天以上
即可食用。

＊以冷藏保存，賞味期限約為1週。

甘醋漬

以壽司醋醬醃漬，做出糖醋薑，
再加入西洋芹、胡蘿蔔等增加色彩變化。

材料和做法（容易製作的份量）

分別將適量的胡蘿蔔、生薑、西洋
芹切成絲，放入保存容器內，再慢
慢加入壽司醋，靜置1天以上。

＊以冷藏保存，賞味期限約為2週。

●甘醋漬醬汁多變化

拌飯

不需費工製作醋飯，
只要簡單攪拌一下就完成了！

材料和做法（容易製作的份量）

甘醋漬連醬汁一起拌入剛煮好的白
飯，盛盤後撒上海苔絲就完成了。

醬菜

任何蔬菜都 OK ！
就如同沙拉般容易食用。

材料和做法（容易製作的份量）

將1杯醋、水80ml、4大匙砂糖、2小匙鹽放入鍋中，煮
沸後熄火；再加入1條紅辣椒、1瓣大蒜、1片月桂葉，
放入保存容器靜置冷卻。將食材洗淨瀝乾後，1/6顆花
椰菜分成小株；1/4節蓮藕隨意切塊；1/2顆洋蔥切成易
入口的大小後，將食材汆燙，接著放入保存容器內醃
漬，靜置1天以上即可食用。
＊以冷藏保存，賞味期限約為1週。

Point
蔬菜汆燙後，要將水
分瀝乾再放入製作好
的醃漬醬汁內，這步
驟是製作的要點，也
是入味的關鍵。

泡菜

以市售的泡菜醬來輕鬆製作，
只要使用專用的保存瓶，
就不用在意強烈的泡菜味了。

材料和做法（容易製作的份量）

取3～4片大白菜略切成粗片，撒上適量的鹽巴後輕
輕搓揉擰乾水份。將長約3公分的白蘿蔔切成1/4圓
片；3～4根長蔥切成長約5公分。接著將大白菜、白
蘿蔔、長蔥以及4大匙的泡菜醬拌勻，放入保存瓶
內，靜置1天以上即可食用。
＊以冷藏保存，賞味期限約為1週。

Point
以容易出水的大白菜
製作時，一定要先灑
上鹽，接著要確實將
水分搓揉擰乾。

第五章 連外皮和根莖都能好好利用

在料理過程中，被當作廚餘丟掉的外皮和根莖等，其實富含豐富營養與美味！不如就將原先要丟棄的蔬菜食材外皮與碎屑收集起來，試著做成美味的「蔬菜湯」。藉著引出蔬菜自然的鮮甜和美味，製作出清爽的湯頭；或以蔬菜碎屑作成下酒菜，道道都是令人驚豔的美味。

製作蔬菜湯

什麼是蔬菜湯？

蔬菜外皮含有豐富的礦物質、植物營養素等
非常適合用於製作湯品，所以使用料理時
被丟棄的蔬菜碎屑，其所熬煮而成的調味湯
底，就是「蔬菜湯」。
蔬菜碎屑約為兩手可捧起的分量，加水後熬
煮 20 分鐘左右，待熬出食材香氣即可。

譯註：由於法規與種植農法各有差異，本
　　　章料理建議選用有機蔬菜食材。

蔬菜湯

以小火慢煮，將蔬菜的美味與營養熬煮而成的頂級湯品。
收集蔬菜碎屑時，可收入夾鏈袋內放入冰箱保存。

材料（容易製作的份量）
蔬菜碎屑 — 兩手捧起來的量
水 — 1L

1 收集蔬菜碎屑

蔬菜的外皮、菜芯、菜梗、蒂頭或是長蔥尾端的青色部分以及南瓜籽等，都是很好的收集材料，約收集至兩手可捧起來的分量後，即可開始準備熬煮。（收集時，記得去除蔬菜碎屑所含的水氣，再收入夾鏈袋內，放入冰箱或冷凍庫保存）

2 從水開始煮

放入蔬菜碎屑，加入足夠的水量後開火。如果蔬菜碎屑量不足的話，可加入昆布一起熬煮，待煮沸後轉小火。

3 以小火燉煮

以小火煮 20 分鐘左右。當蔬菜的精華被熬煮出來後，湯汁會稍微變色。

4 過濾

使用篩子過濾掉蔬菜碎屑。當有更細小的蔬菜碎屑時，可在篩子上加一層廚房紙巾，把小碎屑濾出來。

簡易版的蔬菜湯

加點鹽巴、胡椒調味
就能直接享用，
能品嚐蔬菜湯本身的美味。
也可依個人喜好灑上巴西利碎末。

＊以冷藏保存，賞味期限約為 3 天內；以冷藏保存，
　賞味期限約為 1 個月，食用前予以加熱即可。

蔬菜飯糰

以吸收了蔬菜湯精華的白飯，
所製成的極品飯糰。

材料和作法（4人份）

①取2杯米洗淨過篩後將水分瀝乾，放入炊飯器內，再加入蔬菜湯、1/2小匙鹽後拌勻，接著開始煮飯。②在煮好的飯裡，放上適量的巴西利末後拌勻，捏成飯糰。

\ 其他的 /
運用範例！

- 咖哩或炒飯
- 煮物
- 印度風香料飯、西班牙海鮮燉飯

義大利麵

以蔬菜湯煮義大利麵，
讓湯汁的美味融於麵條中。

材料和作法（2人份）

①將80g的雞肉切成約1公分的丁狀；取4片大白菜，梗切成薄片，葉子略切成粗片；1/4顆洋蔥切成薄片。②取1瓣壓碎的大蒜、1大匙橄欖油放入鍋中爆香後轉小火，放入雞肉和洋蔥拌炒。接著放入大白菜的梗、2杯蔬菜湯、1片月桂葉、1/2小匙鹽、少許的胡椒後，蓋上鍋蓋轉中火。③沸騰後放入對折的義大利麵160g一起煮，麵條變軟後放入大白菜葉，再煮至沸騰後即可熄火盛盤。

丟了就浪費了！
用蔬菜碎屑所做的美味小菜

涼拌大頭菜葉

大頭菜和白蘿蔔的長葉
能和一般青菜一樣
作為涼拌菜或水煮菜。

材料和作法（2人份）
取2顆大頭菜的葉子部分，以
鹽水汆燙後切成約3公分長。
再取1/4片油豆腐火烤後切成薄
片放涼；接著將大頭菜的菜葉
和油豆腐放入碗中，加入2大
匙醬油、1小匙砂糖、適量的
熟白芝麻拌勻後即可食用。

也能以此替代……
• 白蘿蔔葉
• 茼蒿莖

炒白蘿蔔葉

將蘿蔔葉切成段再拌炒，
就是一道富含維他命的營
養配菜。

也能以此替代……
• 大頭菜莖
• 茼蒿莖

材料和作法（2人份）
取白蘿蔔的長葉約100g切成
末；將少許的麻油倒入平底
鍋內熱鍋，放入蘿蔔葉後轉
中火；再加入2小匙的醬油
和2小匙的味醂拌炒，灑上
熟白芝麻即可起鍋盛盤。

用西洋芹葉做天婦羅

油炸西洋芹葉
能去除掉菜葉的苦澀，
同時增加香味。

也能以此替代……
- 白蘿蔔葉
- 大頭菜葉
- 胡蘿蔔葉
- 剩餘的巴西利

材料和作法（2人份）
取1小把西洋芹葉，擦拭掉
葉面上的水氣。以1：1的
比例將天婦羅粉和水拌成糊
狀。將麵糊沾滿西洋芹的葉
子，接著放入中溫（約170
度）的油炸鍋內，炸至麵糊
酥脆即可起鍋食用。

金平青花菜心（拌炒青花菜心）

削掉菜心外部較硬的皮，
再切成小條狀拌炒，
只要撒上鹽巴就相當美味。

也能以此替代……
- 蔬菜的外皮
- 白蘿蔔葉
- 大頭菜葉
- 茼蒿莖
- 香菇梗

材料和作法（2人份）
取1顆青花菜的芯，斜切成
厚片狀。將少許的麻油倒入
平底鍋內熱鍋，放入青花菜
芯轉中火拌炒，加入少許的
鹽、味醂進行調味，最後撒
上熟白芝麻即可起鍋盛盤。

**以煮青花菜的汁
煮成味噌湯**

青花菜和昆布一樣都是富含天然麩
胺酸鈉的食物，可引出料理的自然
鮮甜，所以將煮過青花菜的醬汁，
作為味噌湯的湯底也相當不錯。

蔬菜皮零嘴

簡單油炸蔬菜的外皮，
做出美味的下酒菜。

材料和作法（2人份）
將牛蒡皮和胡蘿蔔皮切成薄片，混合
100g備用。放入中溫（約170度）的油炸
鍋內，炸至酥脆金黃狀即可食用。

也能以此替代……
• 白蘿蔔皮
• 茄子皮

蔬菜外皮拌飯

將各種蔬菜食材的外皮切成細末，
創造出豐富的口感。

材料和作法（2人份）
將胡蘿蔔與白蘿蔔的外皮和葉子，還有
青花菜的菜芯切成細末，混合100g備
用。將麻油倒入平底鍋後熱鍋，放入蔬
菜皮的碎末用中火拌炒；加入1大匙吻
仔魚、以及適量的熟白芝麻拌炒；最後
再以少許的薄鹽醬油跟鹽來進行調味，
即可起鍋盛盤。

也能以此替代……
• 花椰菜芯
• 土當歸皮
• 生薑皮
• 大頭菜皮和菜葉

醃漬蔬菜皮

以橘醋製作醃漬菜
讓生薑的外皮，
也能美味上桌。

材料和作法（2人份）

將白蘿蔔、胡蘿蔔、生薑切成絲，
混合100g備用；接著取1/2根去籽
的紅辣椒切成小塊，再加入1大匙
橘醋，一起放入夾鏈袋內進行醃
漬，待入味即可食用。

也能以此替代……
- 大頭菜皮
- 青花菜皮和菜芯

佃煮醃香菇梗

使用醬油醃漬而成，
是款很入味的料理，
非常適合配飯食用。

材料和作法（2人份）

將香菇梗從中撕開後，慢慢倒入醬油
進行醃漬至入味。
取約50g醃漬後的香菇梗，放入鍋
中，再加入味醂、砂糖、酒各1～2大
匙後，煮至變軟後即可食用。

也能以此替代……
- 青花菜芯
- 蔬菜的外皮

讓蔬菜碎屑復活的秘訣

將胡蘿蔔蒂頭、青蔥根部等，放入
容器或杯子中加水培育，幾天後就
會冒出嫩芽。可將嫩芽摘下切成細
末，撒於湯品上添增香氣。

蔬 菜 的 保 存 方 法

挖除高麗菜芯
塞入濕的廚房紙巾

高麗菜除了整顆購買會比較容易保存之外，還能利用小訣竅延長保鮮期，同時增加使用的便利性。例如挖除高麗菜的菜芯，改塞入沾濕的廚房紙巾，再以保鮮膜包起來，放入冰箱保存。如此一來，使用時就不需要整顆切開，也能一片一片拔取，相當方便。

以沾濕的廚房紙巾
將食材包裹起來

為了避免菠菜、小松菜等青菜的菜葉因乾燥而枯萎，可利用沾濕的廚房紙巾將食材整個包裹起來，再以保鮮膜密封。保存葉菜類的青菜時，盡可能以直立的方式放進冰箱的蔬菜室中冷藏。

南瓜
去籽去內膜

由於南瓜的籽和內膜較容易腐壞變質，而切口處也容易氧化，所以請先去除南瓜籽與瓜肉的內膜之後，再包裹上保鮮膜，避免接觸空氣，再放進冰箱的蔬菜室中冷藏。可以長保新鮮，並用來製作南瓜湯等。

西洋芹的葉和莖
要分開保存

帶有葉子的青菜，容易從葉面處流失養分。所以首先要將葉子與菜莖分開，再各別以保鮮膜包起來，且保存時盡可能以直立的方式，放進冰箱蔬菜室中冷藏。

豆芽菜要放入
有水的容器內保存

蔬菜中保鮮期最短的就是豆芽菜。放在袋子裡沒有處理，不到兩天就黑掉了。可以將豆芽菜放入保存容器內，倒入適量的水，再放入冰箱內保存，但要記得經常換水。

青番茄
放在常溫中保存

番茄不耐低溫，所以還未成熟的青色番茄，可以放在常溫中催熟，使其自然變紅。至於完全變紅的番茄，則可分開一一以保鮮膜包起來，放入濕度較低的冷藏室中保存。

想要將蔬菜美味完食，
卻又無法立刻用完，
那麼就要盡可能地保持新鮮的狀態，
才能延長食材的賞味期。

將洋蔥放在通風處

將洋蔥放入袋子後就擱置不理，這樣很快的黴菌就會找上門……為了避免因此而浪費食材，建議將洋蔥放在竹籃上，或是放入網袋內，置於陰涼通風的地方。由於洋蔥很怕濕氣，所以夏天時可放在濕度較低的冷藏室中保存。

放入蘋果
預防馬鈴薯發芽

馬鈴薯也需要放置在陰涼通風處，以常溫保存。此外，如果馬鈴薯發芽了，那營養成分就會由此流失（且容易產生毒素）。所以在保存時，請放入一顆蘋果，藉此延緩馬鈴薯發芽的時間。

白蘿蔔的葉和莖
要分開保存

帶有葉子的蘿蔔，容易從葉面處流失養分。所以首先要將葉子與莖部分開，接著再各別以保鮮膜包起來，放進冰箱的蔬菜室中冷藏。

帶有泥土的蔬菜
不需清洗直接保存

帶有食材生長環境土壤的蔬菜，能延長保鮮時間。所以不需將泥土洗掉，可直接包上沾溼的廚房紙巾，再以保鮮膜包起來，放進冰箱蔬菜室中冷藏。由於蔬菜食材經過水洗後，就容易損傷，所以洗過請盡快食用。

香菇連菌傘
一起保存

由於香菇相當怕水氣，所以請以廚房紙巾包裹，放進冰箱蔬菜室中冷藏。保存時要連同菌傘一起，才能延長鮮度。而保存金針菇時，不要將根部切掉，以直立的方式放進冰箱蔬菜室中冷藏，才能放得更久。

如 何 將 食 材 完 全 用 光
Q & A

Q 請問哪些蔬菜容易保存，
哪些不容易保存？

As soon as Possible

A 根莖類容易保存。含有豐富水分的
葉菜類，不易保存。

容易保存的食材有馬鈴薯、洋蔥、地瓜、南瓜等。
特別是去除內膜和籽的南瓜，放在冷藏可保存 1～2
個月左右。而馬鈴薯、洋蔥、地瓜、牛蒡等，置放
於陰涼處，則可保存 2 週～1 個月左右，而夏季時
則要放進冰箱內的蔬菜室中冷藏。
不容易保存的蔬菜，例如冷藏保存可放 2～3 天的
豆芽菜，可保存 3～4 天的菠菜、小松菜、韭菜，
以及可放 1 週左右的茄子、番茄、西洋芹、胡蘿蔔、
白蘿蔔，還有可放 2 週左右的高麗菜、大白菜等。
食材的保存方法，請參閱 P.90～91，盡可能在賞
味期限內使用完畢。

Q 要依照蔬菜的賞味期限，
還是使用期限為保存標準？

A 請依外觀、味道等自行判斷。

農場所採收的蔬菜食材，會在外包裝上標註採收
時間和建議的使用期限，但一般的蔬菜食材上，
並不會標註賞味期限。由於蔬菜食材是活生生的
植物，所以依狀況不同，賞味期限的長短也會有
所不同。在店面陳列的蔬菜，也會隨著保存環境
與時間產生不同的變化，所以只能靠自己觀察食
材的外觀、味道等，來判斷食材的新鮮度。即使
是在超市購買有標註使用期限的食材，在使用前
也請一定要確認一下食材的狀況如何。

在此收錄了關於食材的保存方法，
如何以外觀判斷食材，
以及使用方法等常見問題。

Q 如何從外觀來判斷，哪些蔬菜保鮮期較長？

A 請優先選擇沒有傷痕、顏色正常且呈現水嫩貌的蔬菜食材。

基本上，由於採收的時間不同，所以店內陳列的蔬菜也會因擺放的時間長短不同，而產生不同的外觀。請盡量挑選，顏色較鮮豔，表面沒有傷痕、顆粒明顯，且呈現水嫩貌的食材。番茄、茄子請選擇蒂頭挺立的；小黃瓜表面有凸起的瓜刺，正是食材新鮮的證據；馬鈴薯要選沒有發芽的；芋頭、牛蒡要選擇帶有泥土、或表皮富含水分的。

Q 不需放入冰箱的食材，應該如何保存？

A 以常溫保存，放置於通風的陰涼處。

南瓜、馬鈴薯、洋蔥、芋頭、地瓜、牛蒡等，除了夏季以外，都可放在常溫中保存。而整顆的大白菜、長蔥、生薑、胡蘿蔔等等，僅限於冬天可以放在常溫中保存。但不管是哪一類，都要放置於陰涼通風之處。但若是已經被處理過，或容易損傷的食材，即使原本被列為可放置於常溫中保存，也請改為放入冷藏室保存。

食材索引

國家圖書館出版品預行編目(CIP)資料

蔬菜力。：打造「零廚餘廚房」！
效率使用、延長賞味期、節省伙食費，
105道連外皮、根莖都毫不浪費的蔬菜料理。
/ 伯母直美作；方嘉鈴譯.
-- 初版. -- 臺北市：常常生活文創, 2016.07
　96面；　17×23公分
譯自：野菜を使いきる。
ISBN 978-986-93068-2-9（平裝）

1.蔬菜食譜　2.烹飪

427.3　　　　　　　　　　　　　　105012900

蔬菜力。

打造「零廚餘廚房」！
效率使用、延長賞味期、節省伙食費，
105 道連外皮、根莖都毫不浪費的蔬菜料理。
「野菜を使いきる。」

作　　　者　伯母直美 Uba Naomi
譯　　　者　方嘉鈴
責任編輯　鄒季恩
封面設計　劉佳華
內頁排版　王麗鈴
行銷企劃　王琬瑜、卓詠欽

發 行 人　許彩雪
出　　版　常常生活文創股份有限公司
E - m a i l　goodfood@taster.com.tw
地　　址　台北市 106 大安區建國南路 1 段 304 巷 29 號 1 樓

讀者服務專線　02-2325-2332
讀者服務傳真　02-2325-2252
讀者服務信箱　goodfood@taster.com.tw
讀者服務網頁　https://www.facebook.com/goodfood.taster

法律顧問　浩宇法律事務所
總 經 銷　大和圖書有限公司
電　　話　02-8990-2588
傳　　真　02-2290-1628
製版印刷　凱林彩印股份有限公司
定　　價　新台幣 299 元
初版一刷　2016 年 7 月
I S B N　978-986-93068-2-9

YASAI WO TSUKAIKIRU. by Naomi Uba
Copyright © Naomi Uba, 2015
All rights reserved.
Original Japanese edition published by SHUFU TO SEIKATSU SHA CO.,LTD.
Traditional Chinese translation copyright © 2016 by Taster Cultural & Creative Co., Ltd. This Traditional
Chinese edition published by arrangement with SHUFU TO SEIKATSU SHA CO.,LTD., Tokyo, through
HonnoKizuna, Inc., Tokyo, and AMANN CO., LTD.